임신한 아내를 위한
좋은 **남편** 프로젝트

임신한 아내를 위한
좋은 남편 프로젝트

제임스 더글라스 배런 지음
이현무 옮김

SHE'S HAVING
A BABY:

세계사

남편이 쓴,
남편을 위한 책

임신한 지 여덟 달이 된 아내와 나는 침대에 누워 있었다. 밤이 늦었지만 둘 다 잠은 오지 않았다. 아내는 임신 관련 책을, 나는 소설을 읽고 있었다. 아내가 물었다.

"당신은 왜 이런 책은 읽지 않는 거예요?"

아마도 대부분의 남자들은 이런 질문에 제대로 대답하지 못할 것이다. 나 역시 적당한 대답이 떠오르지 않았다. 나도 임신과 출산에 관심은 있었다. 산부인과에 일일이 따라다니기도 했다. 출산과 관련한 강연도 충실히 들었고 곧 태어날 아기의 방도 함께 꾸몄다. 임신 관련 책도 찾아서 읽어볼까 하는 생각을 잠시 해본 적이 있으나, 어쩐 일인지 그것만은 내키지 않았다.

침대 주위를 둘러봤다. 임신 관련 책들이 산더미처럼 쌓여 있었다. 산처럼 배가 부른 아내도 눈에 들어왔다. 재빠르게 책들의 제목을 읽었다. 언뜻 봐도 모두 임산부를 위한 책이었고, 남편을 위한 책은 찾아볼 수 없었다. 나는 곧 내가 읽을 만한 책들을 뒤지기 시작했다.

차례와 내용을 훑어보면서 놀란 사실은 남편에 대한 내용이 거의 없다는 것이었다. 뿐만 아니라 이 책들을 쓴 전문가들은 남편의 역할이 마치 정자를 난자로 보내는 것뿐인 양 얘기하고 있었다. 이게 말이 되는가! 이 소중한 임신 기간을 꾸려가는 데 있어 남편의 역할이 겨우 그 정도뿐이라고?

그제야 나는 내가 찾고 있는 책이 남편이 쓴, 남편을 위한 책이라는 사실을 깨달았다. 남편은 임신과 출산에 이어 큰 상관이 없다는 식의 책 말고, 남편으로서 어떻게 행동하고 반응해야 하는지 알려주고, 아내의 정신적·육체적 상태를 이해할 수 있도록 도와주며, 궁극적으로는 좋은 아빠이자 남편이 되도록 준비할 수 있는 그런 책 말이다.

하지만 곧 아기가 태어날 때까지 남편이 어떻게 해야 하는지에 대해 구전되어 오는 얘기도, 지침도 없다는 사실을 깨달았다. 우리를 키운 아버지들은 이 부분에서 어떠한 조언도 해줄 수가 없다. 대부분의 아버지들은 어머니가 임신해 있는 동안 거실 소파에 누워 TV나 보고 계셨으니 말이다.

결국 나는 책을 쓰기로 결심했다. 남편을 위한, 또 아내가 남편을 이해하는 데도 도움이 되는 그런 책을 말이다. 우리 사회는 아이를 낳고 기르는 데 있어 아버지란 존재를 그다지 존중해주지 않는다. 가정 안에서 아버지는 어머니만 못한 존재가 아니다. 아이에게 아버지는 어머니와 동등하게 중요하다. 하지만 중요한 것은 아이가 배 속에 있을 때부터 그래야 한다는 것이다. 남편과 아내의 협력 관계가 임신을 기점으로 진화해, 아기가 태어날 때쯤에는 모든 것이 준비되어 있어야 한다. 아기를 함께 키워 나갈 수 있는 둘 사이의 공감대, 부모로서의 협력 관계가 이미 구축되어 있어야 한다는 뜻이다.

아버지가 된다는 건 정말 힘겨운 여정이다. 하지만 두려워할 필요는 없다. 내가 겪어봐서 잘 안다. 한 걸음 한 걸음 차근차근 내딛다가, 필요할 때는 두 걸음을 건너뛰어야 할 때도 있다. 시행착오도 따른다. 하지만 넘어지더라도 툴툴 털고 일어서 다시 하면 된다. 그런 시행착오도 아버지로 거듭나는 필연적인 과정이다.

그렇게 하루하루 노력하다 보면 어느덧 거울 속에는 자랑스러운 아버지가 된 당신이 서 있을 것이다. 눈가에 주름 몇 개가 생겼을지 모르지만, 당신은 아마 또 하라고 해도 기꺼이 하겠다고 말할 것이다. 그 행복했던 순간들이 두 번 다시 찾아오지 않는다는 걸 뒤늦게 깨닫고 많이 후회할지 모른다.

피곤하다는 핑계로 아기 앞에서 눈살을 찌푸린 것, 고생하는 아내에게 따뜻한 말 한마디 건네지 못한 것, 그래서 아내가 눈물을 보인 것 등등의 지난 일을 떠올리며 말이다.

당신도 나처럼 임신과 출산이라는 경이로운 과정을 통해 인생의 또 다른 가치를 얻길 바란다.

제임스 더글러스 배런

아내의 임신 소식을
처음 접한 남편들에게

『임신한 아내를 위한 슬기로운 남편 생활』과의 인연은 패치라는 한 친구의 결혼 선물로 시작되었다. 결혼 전에 내 아내의 배 속에는 이미 아기가 있었다(아내에게 이 사실을 밝혔다고 한 소리 듣겠지만, 나는 속도위반이 성숙한 결혼 생활에 도움을 준다고 생각한다). 당시 패치는 디스커버리 채널에서 일하고 있었는데, 내 결혼식에 참석하기 위해 일부러 한국을 찾아왔다. 패치는 공항에 마중나온 나를 보자마자 음흉한 미소를 지으며 이 책을 내밀었다. 그리고 이렇게 말했다.

"유부남 클럽에 들어온 걸 축하해(Welcome to the club, Lee)!"

하지만 책을 받아놓고도 한참을 읽지 않았다. 이미 아내가 임신 관련 책을 많이 읽고 있었기 때문에 굳이 나까지 볼 필요는 없다고 생각했다. 그러던 어느 날, 아내가 눈물을 뚝뚝 흘리며 읽고 있던 책의 사진을 좀 보라고 했다. 출산 모습이 아주 자세히 묘사된 사진이었다.

"나 어떡해? 너무 아프면 어떡하지?"

그날 이후로 아내는 매일 그 책만 붙들고 있었다. 아내의 그런 모습을 보며 용기는커녕 위로의 말도 전하지 못하는 내 자신을 발견했다. 나는 반문할 수밖에 없었다. 대체 나는 임신과 출산에 대해 뭘 알고 있나? 아내와 아기에게 지금 필요한 게 뭘까?

그때 패치가 선물해준 이 책이 눈에 들어왔다. 아내가 사들인 책은 엄청 많았지만 왠지 읽고 싶다는 생각이 들지 않았다. 그것은 이 책의 저자가 글을 쓰게 된 계기와 동일한 이유다. 아내를 위한 책은 많은데, 남편을 위한 책은 없었던 것이다. 이 책을 읽으면서 내가 아내의 임신, 아니 우리의 임신에 너무 무관심했다는 것을 깨달았다. 곧 태어날 아기는 아내와 나, 우리 부부가 함께 이룬 사랑의 결실이고, 함께 완성시켜 나아가야 할 인생의 가장 소중한 존재라는 것도.

이 책은 의학적인 지식이나 불안감만 키우는 사례들을 나열한 책이 아니다. 가볍고 유쾌하게 읽을 수 있으면서도, 아내가 겪는 임신이 얼마나 힘든 과정인지 이해하면서 그 과정을 함께 극복해내고, 궁극적으로는 행복한 결혼 생활을 지속할 수 있는 마인드를 갖게 해주는 책이다.

참 신기하게도, 동서양을 막론하고 모든 부부가 겪는 임신의 과정은 크게 다르지 않은 것 같다. 아내와 내가 그간 겪어온 일들은 놀라우리만치 이 책의 내용과 일치했다.

우린 첫 임신이라는 인생 최고의 행복한 순간을 함께 경험하고, 함께 감동하며, 함께 눈물을 흘렸다. 저자의 충고를 모두 따르지는 못했지만 내가 한 몇 가지 행동들은 아내에게 감동의 눈물을 흘리게 했다. 또한 저자가 그랬듯 한 번 양보할 것을 두 번 양보하여 싸움이나 다툼이 없는 행복한 임신 기간을 보낼 수 있었다. 물론 모든 과정이 완벽했다고 말할 순 없지만, 아내와 나는 잘해냈다고 생각한다. 이 책을 임신 기간 중에 읽을 수 있었다는 게 얼마나 다행인지 모른다. 이 책을 만나지 못했더라면, 아마 남은 결혼 생활 내내 아내에게 '무심한 남편'이란 원망을 들었을 것이다. 또한 예비 아빠로서 해야 할 역할에 대해서도 제대로 배우지 못했을 것이다.

나는 이 책을 내 주변의 출산을 앞둔 모든 예비 아빠들에게 선물하고 싶다. 이 책 한 권이면 출산 후에도 아내에게는 좋은 남편, 아기에게는 멋진 아빠로 행복하게 살 수 있는 모든 준비를 마칠 수 있을 것이다. 나는 장담한다. 이 책의 저자가 권하는 여러 지침들을 30퍼센트만 해내도, 당신 역시 최고의 남편으로 대우받을 수 있을 것이다.

마지막으로 결혼과 임신에 대해, 또 이 책이 얼마나 도움이 됐는지에 대해 열변을 토하던 내게, 이 책을 출간하자고 제안했던 고마운 친구 세계사 최윤혁 대표, 형편없는 내 번역 원고를 읽고 서슴없이 충고를 해준 우리 아이유노(i-Yuno)의 부사장 유승희, 출산 때까지 제대로 챙겨준 적이 별로 없는데도 투정은커녕 내색 한번 안 한 사랑하는 아내 진희와, 우리 부부에게 많은 깨달음과 행복, 감동을 안겨준 우리 아이에게 모든 감사의 말을 전한다.

이현무

차례

아기 초음파 사진을 보관하세요!

아기 초음파 사진을 보관하세요!

초보 아빠로서 가장 감동적인 순간 10가지

1. "여보, 당신 이제 아빠가 될 거야."라는 말을 들었을 때.

2. 주변 사람들에게 자랑을 하며 그들의 놀라는 눈빛을 목격했을 때.

3. 처음으로 아기의 심장 소리를 들었을 때.

4. 임신 중에 섹스를 했을 때(놀랍게도!).

5. 아내와 육아실 앞을 지나며 창문으로 아기들을 바라봤을 때.

6. "축하합니다, 아들(딸)입니다!"라는 말을 들었을 때.

7. 처음으로 아기를 안았을 때.

8. 처음으로 아기를 아내에게 데려와 그녀가 행복해하는 모습을 보았을 때.

9. 아기가 아내의 손을 꼭 잡고 자는 모습을 봤을 때.

10. 한밤중에 우는 아기를 품에 안고 자장가에 맞춰 토닥이며 거실을 거닐 때.

PART 1
임 신 후 첫 세 달

당신이 이제까지 아내에게 선물한 모든 것은 하찮은 게 되어버렸다. 결혼 프러포즈, 다이아반지, 그밖에 아내의 마음을 사로잡기 위해 기울인 모든 노력들…….. 그 모든 것은 임신에 비하면 정말 아무것도 아니다. 아내는 벅찬 감동에 빠졌지만 당신은 속이 답답해진다. 대체, 왜?

난생처음
아빠가 된다는 것

◇ 이제 당신도 아빠다!

"제 아내가 애를 가졌어요!"
"아, 정말요? 축하해요!"

앞으로 한두 달 이런 대화가 수없이 반복될 거다. 사람들로부터 격한 축하를 받는 동안 당신은 문득 깨닫는다. 아내만 아이를 가진 게 아니다. 나도 이제 아빠가 되는 것이다. 정말 신난다! …… 음, 아닌가?

아내는 당신을 안으며 이렇게 속삭인다.

"여보, 세상에서 내가 제일 행복한 여자 같아."

뭐, 이렇게 말하진 않았을 수 있지만 최소한 눈빛은 그랬을 거다. 아내의 얘기에 당신은 벅찬 감동을 받았을 거고, 북받치는 기쁨에 울컥했을 것이다. 하지만 그와 동시에 마음 한구석에선 집채만 한 바위에 묶여 끌려 내려가는 것처럼 뭔가 답답한 기분도 든다.

당신이 이제까지 아내에게 선물한 모든 것은 하찮은 게 되어버렸다. 결혼 프러포즈, 다이아반지, 그밖에 아내의 마음을 사로잡기 위해 기울인 모든 노력들……. 그 모든 것은 임신에 비하면 정말 아무것도 아니다. 아내는 벅찬 감동에 빠졌지만 당신은 속이 답답해진다. 대체, 왜? 당신의 마음속에는 '책임감'이라는 단어가 짙은 먹구름처럼 거대하게 자리 잡기 시작했기 때문이다.

당신 마음속에선 천둥이 내리치고 있지만, 아내에게는 들릴 리 없다. 아내는 당신 속을 전혀 모른다. 당장 통장 잔고가 머리를 스치지만 아내는 그런 걱정은 전혀 없는 듯하다. 이러한 상반된 반응이 당신은 당황스럽기만 하다.

자, 답은 간단하다. 아내에게 배워라. 너무 멀리 바라보지 말고 이 순간을 마음껏 기뻐하라. 물론 계산 정도는 해봐도 좋다. 대학교 학비가 걱정된다면 일단 씀씀이부터 대폭 줄여야 할 것이다. 하지만 계획과 계산에 너무 몰두한 나머지 당신과 아내가 함께 만들어낸 이 소중한 순간을 놓쳐선 안 된다. 그 누구도 당신으로부터 이 순간을 빼앗을 수는 없다. 간단히 말하자면, 바위에 묶인 끈을 잘라내고, 무거운 짐은 털어버리고, 마음껏 기뻐하라.

한 가지 좋은 소식은, 아내가 임신해 있는 동안 당신이 절대 신경쇠약에 걸리지 않을 거라는 점이다. 가끔 자신이 그렇다고 느낄 수도 있지만, 절대 아니다(물론 아기를 낳고 첫 6주 동안은 분명히 스스로 신경쇠약에 걸렸다고 주장할 것이다. 다시 한번 말하지만 그건 신경쇠약이 아니다).

시간은 흐르고 상황은 변한다. 만일 지금 이 순간을 불안과 걱정으로 보낸다면 분명 훗날 후회하게 될 것이다. 평생 한 번뿐인 소중한 순간을 어떤 마음으로 보낼 것인가? 이는 전적으로 당신이 어떻게 마음먹느냐에 달린 일이다. 스스로를 믿고 이 축복받은 시간들에 집중하자. 다시 말하지만, 앞으로 사는 동안 이만큼 설레고 기쁜 순간을 맞이하기가 쉽지 않을 것이다.

◇ 이미 첫 반응에서 망쳤다면, 지금이라도 만회하라

다시 한번 기회를 달라고 해야 한다. 절대 전화로 얘기해선 안 된다.

가능하다면 휴가를 하루 내거나 조퇴라도 해 직접 얼굴 보고 이야기할 시간을 마련하라. 로맨틱한 장소에 아내를 불러내 꼭 안아주고 마음을 표현하면 좋을 것이다. 만일 감정이 북받쳐 오르거나, 직접 표현하기 어색하다면 간단하게라도 전하자. 당신이 아내와 아기의 곁에 있어줄 것임을 분명하게 말해줘라. 아내는 남편인 당신이 자신을 지켜주고 지원해줄 것임을 확인하고 싶어 한다. 그리고 앞으로도 계속 확인하고 싶을 것이다. 정말로 계속…….

임신 사실을 알았을 때 아내에게 절대로 하면 안 되는 10가지 말

1 확실해?

2 어떻게 알았는데?

3 당신 고등학교 때 생물수업 제대로 안 들었잖아. 아닐 거야.

4 음…… 사실 무슨 말을 해야 할지 모르겠어.

5 언제 임신이 된 거야?

6 내가 무슨 말을 해줬으면 좋겠어?

7 하늘이 노랗다. 엄청난 책임감이 느껴지는데.

8 갑자기 정신이 멍해진다.

9 사교육비는 어떻게 하지?

10 일단 마음 좀 정리하고 얘기하자.

◇ 임신 후 몇 주부터 당신은 종잡을 수 없는 기분이 된다

들떠 있는가? 아니면 의기소침? 혼란스러운가? 아니면 열정적인가? 아마 당신은 이런 모든 상반된 기분들을 하나씩 차례대로 느끼고 있을 것이다. 괜히 우물대지 말고, 아내에게 당신이 느끼는 이런 기분을 차분하고 분명하게 털어놓자. 예상컨대 아내 역시 당신과 비슷한 기분을 느끼고 있을 것이다.

◇ 누구에게 언제 말할지 정하라

임신 소식을 들은 후, 이제부터 뭘 어떻게 해야 할지 모르는 경우가 종종 있다. 그럼에도 대부분의 부부는 다른 사람에게(실은 만나는 모든 사람에게) 이 소식을 전하고 싶어진다. 그래야 더 실감이 나니까!

임신 사실을 확인한 후 아내와 나는 침대에 누워 서로 응시하며 사랑스러운 미소를 나눴다. 우린 서로의 어깨를 감싸 안고 입술을 지그시 포갠 채 침대 위를 굴러다녔다. 우리 부부는 우리 앞에 펼쳐진 드넓은 수평선을 떠올리며 현기증과 안도감 그리고 두려움이라는 혼합된 감정을 느꼈다.

아내는 기뻐하는 중에, "일단 엄마에게 알려야겠어!"라고 말했다.

나는 대답했다.

"장모님? 아니, 아직은 아냐!"

"그럼 언제 말해?"

그녀가 물었다.

"한 달 뒤에 말하자."

내 대답에 아내는 확고히 고개를 저었다.

"그럼 일주일?"

다시 그녀는 고개를 저었다.

"그럼 내일까지만 비밀로 하자."

그제야 아내는 안심하는 듯했다.

하지만 그날 오후 3시가 되자, 아내는 지금 장모님께 전화할 수 있게 해주면 평생 잊지 않겠다며 나를 졸라대기 시작했다. 그러고는 덧붙였다.

"친한 친구들에게도."

사실 나 역시 족보에 새로 이름을 올리게 될 우리 아기에 대해, 부모님께 알려드리고 싶어 애가 타고 있었다.

예상대로, 장모님은 소식을 듣고는 흥분을 감추지 못했다. 휴대전화 너머로 장모님이 당장 짐을 싸고 계시다는 걸 직감했다. 내 부모님도 매우 기뻐하셨다. 그리고 우린 가장 친한 친구에게 전화했다. 그리고 또 다른 친구, 또 다른 친구……. 마치 땅콩을 까먹는 것처럼 그만둘 수가 없었다. 그 후로 몇 주간 우리는, 기분이 조금이라도 뒤숭숭해지려고 하면 누군가에게 전화를 걸어 설레는 마음을 되살리곤 했다(만일 당신이 친구들한테 전화를 다 했다면, 먼 친척에게까지 연락하게 될 것이다).

솔직히 말해, 다른 사람에게 언제 얘기하는 게 좋다고 콕 짚어 말할 수는 없다. 맨 처음 임신 검사를 한 직후에 하는 사람이 있고, 가장 위험한 시기인 11주를 넘긴 뒤에 얘기하는 사람도 있다. 또 어떤 사람은 배가 부르기 시작해서야 소식을 전하기도 한다. 중요한 건, 아내가 누군가에게 얘기하려고 할 때, 이를 막는 것만큼 어리석은 일은 없다는 것이다.

◇ 부모님이나 장모님께 지혜를 구하라

어른들께서는 분명 뿌듯해하실 거다. 어른들께 조언을 구함으로써 그분들과 당신 부부와의 관계가 좋아질뿐더러, 그분들 역시 조부모가 될 준비를 할 수 있게 된다. 그분들 얘기에 동의하지 않더라도 미소를 짓고 고개를 끄덕이도록 하라. 아무리 작은 지혜라도 일단 받아들이도록 노력하고, 판단은 천천히 해도 늦지 않다.

예비 아빠들이 가장 두려워하는 10가지

1 아이에게 무슨 문제가 있지는 않을까?

2 아내가 출산 중에 죽으면 어떡하지?

3 이제 섹스는 끝이군.

4 아내의 아름답던 몸매는 이제 볼 수 없을 거야.

5 결혼 생활은 이전과 다르겠지.

6 아내는 이제 나에겐 관심도 없겠지. 아이 때문에.

7 이제 섹스는 끝이군.

8 출산을 지켜보다가 피를 보고 기절하면 어쩌지?

9 아이가 태어나면 내 청춘도 끝나고, 중년기가 시작되겠지.

10 이제 섹스는 끝이군.

◇ 아기의 첫 심장 소리를 듣기 전에 마음을 깨끗이 비워라

　'콩닥, 콩닥, 콩닥…….' 이 소리를 듣기 전에 다른 잡생각을 없애라. 평생 한 번뿐인 이 순간, 아기의 첫 심장 소리를 듣는 찰나의 순간을 놓치지 말라는 얘기다. 먼저 눈을 감아라. 그리고 상상해보라. 당신은 하나의 생명을 만들어냈다. 이 생명의 심장이 뛰고 있는 것이다. '콩닥, 콩닥, 콩닥…….'

◇ 태아보험, 제대로 알고 가입하라

　임신 초기에 아내는 엄마가 된다는 기쁨과 부담으로 정신이 없을 것이다. 하지만 아무리 기쁘고 흥분되더라도 잊지 말아야 할 것이 있다. 아이의 건강은 배 속에서부터 챙겨야 한다는 점이다.

　가장 먼저 생각할 수 있는 것이 태아보험이다. 근래에 들어 보편화된 태아보험 상품은 임신 확인 순간부터 임신 22주까지 가입이 가능하기 때문에, 자칫 방심하다간 가입 시기를 놓치게 된다. 22주가 넘을 경우 임신 중의 각종 검사 결과와 치료력 등이 가입 거절 사유가 된다.

　태아보험은 아이가 배 속에 있을 때 어린이보험을 미리 드는 것이라 생각하면 된다(쉽게 말해 출생 전에 가입하면 태아보험, 어린이 때 가입하면 어린이보험

이다). 일반적인 어린이보험은 아이의 질병 및 상해, 특정질병, 수술, 입원 등을 보장하지만 태아보험의 경우 태아 때만 가입 가능한 관련 특약을 통해 출생 시 발견되는 질병, 상해나 선천성 질환으로 인한 수술, 신생아 질환 등도 보장한다.

제대로 보장을 받기 위해, 가입 시기 외에 꼼꼼하게 체크해야 할 점이 더 있다. 태아보험은 친권자 서명이 원칙이며, 전자청약으로 계약할 경우 계약자와 피보험자가 동일해야 하고, 휴대전화가 계약자 명의여야 한다.

또한 보험 가입 시 전체적인 금액도 중요하지만, 그에 앞서 보장 내용과 보장 기간, 보험료 납부 기간 등을 충분히 숙고한 후에 선택해야 한다. 가정의 경제 상황에 큰 부담이 되지 않는 범주 안에서 꼭 필요한 특약과 적정 만기일을 선택해야 지속적으로 보험을 유지할 수 있다.

보험료가 비싸다고 꼭 좋은 보험은 아니다. 개인적인 견해로는 꼭 필요한 보장들만 구성해 실속 있게 대비하고, 남은 차액으로 다른 재테크를 하는 게 훨씬 효율적이다. 태아보험의 경우 아이를 위한다는 마음에 무조건 100세 만기를 고집하는 경우도 있는데, 실질적인 화폐 가치가 미래에도 적용될지 냉정히 따져볼 필요가 있다.

예비 아빠에게 찾아오는
비밀스런 변화들

◇ 남자도 변덕스러워진다(적어도 마음속으로는)

아내에게 공감하느라 당신도 달라진 걸까, 아니면 당신의 신체에도 변화가 생긴 걸까? 사실, 무슨 상관인가. 하지만 이건 사실이다. 남자도 아내가 임신한 동안 감정의 변덕이 심해지고 기억력이 떨어지며, 기분이 순식간에 바뀌어 스스로 당황스러운 경우가 많다. 집을 나설 땐 열쇠와 지갑을 챙기도록 항상 주의하라. 가스 불은 꼭 끄고 나가고, 주차한 후에는 절대로 기어를 중립에 둔 채 내리면 안 된다.

◇ 당신이 해결할 수 없는 걱정에 집착하지 말라

아마 자다가도 깨게 만드는 걱정들이 생길 것이다. 유산, 기형아, 난산……. 이런 걱정들은 예측하기 어렵기 때문에 더더욱 당신의 마음속에 깊이 자리하게 된다. 하지만 이제 당신은 이러한 불확실한 미래에 익숙해져야 하고, 최대한 긍정적인 마음을 가지고 앞으로 나아가야 한다. 아이에 대해 이토록 걱정을 한다는 것은 좋은 현상이다. 단지 당신 마음대로 할 수 없는 일들에 익숙하지 않을 뿐이다. 아직 깨닫지 못했을 수 있지만 이런 일들은 앞으로도 계속 일어난다. 아빠가 되고 나서도, '아이가 길을 건너다 사고라도 나지 않을까?' 등등 수도 없이 많다.

한 가지 강조하자면, 이런 불확실한 부분에 익숙해져야 하고, 이를 극복할 건설적인 방법을 강구해야 한다. 어쩌면 당신은 불확실한 일들에 대해 지나치게 두려워하고 있는지 모른다. 예를 들어 병원으로 가다가 길을 잘못 들어선다거나, 분만실에서 뭔가를 잘못한다거나, 아내가 출산 후에 당신을 덜 사랑하게 된다거나…….

하지만 이는 그저 두려움일 뿐, 통제가 가능하다. 당신은 좋은 아빠가 될 수 있다. 길을 잘못 들어서지도 않을 것이고 분만실에서도 잘 해낼 것이다. 아내는 출산 이후에 아빠로서의 당신을 더욱더 사랑하게 될 것이다.

실수할까봐 두려워하지 말라. 물론 한 번쯤은 아내를 제대로 부축하지 않아, 빙판길에 넘어졌을 수도 있다. 또는 바텐디가 준 음료를 미리 맛보지 않아 아내가 알코올이 들어간 음료를 마셨을 수도 있다(단, 아내가 원 샷을 해버렸을 경우). 하지만 당신이 이 모든 걱정을 하는 이유는 아내를 더 배려하기 위해서, 또 아이를 더 아끼기 위해서, 결과적으로 좋은 아빠가 되기 위해서이다.

◇ 고민 배출용 노트를 사라

글을 쓴다는 것은 남자들에게 낯설고 번거로운 일일 수 있다. 하지만 당신이 평생 편지 한 통 못 써본 악필이라 해도, 지금 시작해보는 것은 나쁘지 않다. 공책을 하나 구입해보자. 임신 중 겪는 여러 고민들을 배출해내는 창구가 돼줄 것이다.

우리 모두가 알다시피 여자는 남자와 다르다. 여자는 자그마한 비밀이라도 서로 들어주느라 밤을 지새우거나, 심지어는 주말 내내 친구네 집에서 위로해주기도 한다. 결국 답을 내리지 못한다 해도, 어느덧 감정이 복받쳐 오르고 억눌렸던 기분이 표출된다. 남자는 해답을 내는 게 중요하지만, 여자는 그냥 얘기하는 게 중요하다. 남자는 설혹 자기 속을 털어놓다가도 친구들에게 사과한다.

"시간을 너무 많이 뺏어서 미안해."

여자는 이렇게 말한다.

"제일 중요한 얘기를 빼먹었는데……."

남자는 아무리 친한 친구라 해도 스스로 비참해 보이고 싶어 하질 않는다.

아내가 임신 중일 때 한 친구를 만났다. 난 그에게 그동안 가지고 있던 걱정들을 토로했다. 그는 무표정한 얼굴로 내내 나의 얘기를 들어주다가, 내 얘기가 끝나자 손을 들어 웨이터를 불렀다.

"계산서 갖다 주세요."

그러고 우리는 헤어졌다.

공책에는 모든 얘기를 담을 수 있다. 그림을 그리든 휘갈겨 쓰든 당신 마음대로다. 시를 써도 좋다. 명문장이든 엉성하기 짝이 없든 상관없이 당신의 감정을 써 내려갈 수 있다.

◇ 로맨스 없이는 섹스도 없다

일단 진정하라. 우리는 결혼 혹은 임신으로 인해 성생활이 끝날 거라는 말을 종종 듣는다. 나쁜 소식부터 전하자면, 임신이나 육아 때문에 성생활의 열정이 사라지는 건 맞다. 하지만 좋은 소식도 있다. 꼭 '그래야만' 하는 건 아니라는 점이다(다행히도).

당신이 결혼한 지 꽤 지났다면 섹스가 전 같지 않다는 걸 이미 잘 알 것이다. 결혼 전의 섹스는 어떠했는가? 노골적이고 정열적인 섹스로 이웃을 방해하고, 아내의 집 소파 스프링을 망가뜨리고, 친구들에게 부러움도 사며, 오직 관계의 좋고 나쁨에 따라 성생활의 강도도 세지거나 약해졌을 것이다. 그러다 결국 결혼하게 되어 지금은 이전보다 식은 성생활을 지속하고 있지 않은가? 어쩌면 당신은 임신 전에 이미 성생활을 위해 서로 노력해야 한다는 걸 깨달았는지 모른다.

그런데 이런 노력이 임신이나 출산 이후부터는 더욱 중요해진다. 낯선 곳으로 여행을 떠나는 것으로 성생활에 활력을 불어넣을 수도 있겠지만, 모든 사람이 그럴 만한 시간적, 금전적 여유를 가지고 있는 건 아니다. 다행히, 가까운 호텔이나 모텔을 찾는 것만으로 이런 효과를 맛볼 수 있다. 낯선 곳의 흰 침대 커버만큼 섹스에 불을 지피는 것도 없으니 말이다.

내 친구 하나는 이렇게 말했다.

"우리 부부는 서로 뜨거워지면 근처 호텔로 가. 와인 한 병과 새로 산 란제리, 가끔 야한 영상물을 준비해 가지. 휴대전화는 꼭 꺼둔 채 말이야. 그러고는 룸서비스를 시키는 거야. 어느 때는 오랫동안 함께 목욕하면서 서로 마사지를 해주기도 하지. 집에서는 자주 못 하는 그런 것들 말이야."

다른 친구들도 그 말에 동의하며, 나중에 결혼에 문제가 생겨 상담받는 비용이나 이렇게 일상에서 탈출하는 데 드는 비용이나 비슷하다고 입을 모았다.

그런데 한번 생각해보자. 남자들은 임신한 아내에게 무엇을 원하는가? 단지 섹스만은 아니다. 성행위 자체는 첫 번째 3개월을 지나고 두 번째 3개월에 들어서면서 충분히 즐길 수 있다. 내 생각에 남자가 아내에게 원하는 건 '환상'이다. 내 친구 하나는 종종 결혼 전에 아내가 빨간 비옷 안에 아무것도 걸치지 않은 채 늦은 시간 사무실로 걸어 들어오던 장면을 떠올린다.

"아내는 비옷을 훌러덩 벗어던졌고, 우린 책상 위에서 뒹굴기 시작했어. 황홀 그 자체였지."

물론 이런 걸 기대할 수는 없다. 이제 막 임신한 아내에게 안에 아무것도 입지 않고 비옷 하나만 걸친 채 길거리에 나서라고 했다간 주먹이 날아올 테니. 이제 당신의 아내는 로맨틱하고, 사적이며, 어머니다운 성생활을 바랄 뿐, 거칠고 대담한 섹스를 원하지 않는다. 꼭 기억하라. 이젠 로맨스 없이는 섹스도 없다.

◇ 새로운 성생활에서 즐거움을 찾아라

사실 임신은 침대에서 시작된다. 또한 이후의 성생활에 일정 부분 영향을 미친다. 그래서 모든 남자들은 아내의 임신에 여러 감정이 교차할 수밖에 없다. 아마 당신은 임신 때문에 남성으로서의 자신감을 갖게 되었을 것이고 이런 자신감을 다시금 표현하고 싶을 것이다. 이전보다 아내가 더욱 가깝게 느껴질 것이고, 따라서 아내와 섹스하고 싶은 건 극히 자연스러운 현상이다. 이때 당신의 걱정은 아내가 과연 진짜 원하는 건지 아니면 원하는 척만 하는 건지이다. 기억해야 할 건, 이제 아내는 열정적으로 침대를 뒹구는 것보다 친밀하고 부드러운 교감을 원한다는 사실이다. 따라서 아내가 (임신) 전에 좋아했다고 하더라도 아내를 거칠게 다룬다거나 침대에 던지는 등의 행위는 금물이다. 아내의 예민해진 유두나 부풀어 오른 성기도 조심히 다뤄야 한다.

그렇다고 극도로 절제되고 긴장된 상태로 임하라는 건 아니다. 내 친구 하나는 부부 생활의 가장 큰 문제가 '지나치게 형식적인 점'이라고 말했다. 조금 더 가볍고 즐겁게 임할 필요가 있다.

이때, 다양함을 추구할 수 있는 현실적인 방법을 생각해보는 것도 좋다. 다른 침실을 써본다거나, 거실의 소파나 의자를 이용해도 좋다. 두 사람의 모습을 거울을 통해 보는 것도 재미있을 것이다. 바닥의 카펫이나 벽난로 옆은 어떨까? 로맨스 소설에서나 나올 법한 장면을 연출해보는 것이다. 어떤 상황이든 처음 만났을 때처럼 다시 아내를 유혹해야 한다는 점을 명심해야 한다. 첫 데이트라고 상상하면 당신은 무슨 짓이든 할 것이다. 서로의 옷을 벗겨주던 예전의 그 시절을 떠올려보자. 아내의 바지를 내리고 속옷에 손을 넣어보라. 마치 소중한 선물의 포장지를 풀듯 아내의 옷을 벗겨보라.

무엇보다 새롭고 창의적인 방법으로 아내와 교감하는 것이 가장 중요하다. 지금까지는 나른한 오후에 소파에 마주 앉아 발로 서로의 몸을 간질이는 건 별다른 감흥이 없었을지 모른다. 하지만 지금은 다르다. 이제는 대학 도서관에서 미친 듯이 서로를 더듬던 순간보다 책을 보던 아내의 목덜미에 뜨거운 키스를 해주는 것이 훨씬 아내에게 흥분되는 일이다.

◇ 아빠들의 가장 큰 걱정, '과연 아이 기를 여유가 있을까?'

당신이 정상적인 생각을 가졌다면 돈이 하늘에서 그냥 굴러떨어지지 않는다는 사실을 잘 알 것이다. 그럼 어떻게 해야 할까?

우선, 아내에게 당신의 걱정을 솔직히 털어놔라. 일부러 강한 남자인 척할 필요는 없다. 물론 당신이 솔직한 속내를 털어놓는다 해도 아내로부터 금전적인 해법을 들을 수는 없을 것이다. 하지만 아내는 배 속의 아이가 두 사람의 삶에 꼭 필요한 존재라는 사실과, 아이를 위해 희생이 따라야 한다면 자신도 힘을 더해 기꺼이 감수할 것임을 말해줄 것이다.

그다음엔 당신 가정의 5년, 10년, 15년의 청사진을 계획하는 데 도움이 될 만한 금융전문가에게 상담을 받아보자. 그는 당신의 불안을 줄여주는 것은 물론 늘어나는 양육비와 자녀의 학비 등을 준비할 수 있도록 현실적인 지침을 제시해줄 것이다.

하지만 오늘날의 엄마들이 가정사와 일 모두를 잘 해내고 싶어 하는 만큼, 당신을 포함한 아빠들 역시 오직 경제적 부담만 책임지고 싶어 하지는 않는다. 결국 당신과 아내는 일정 부분 서로 중복된 역할을 맡게 될 것이다. 따라서 지금 그 역할을 서로 명확히 하는 게 좋다. 내 친구 대부분은 "만약 내가 양육의 반을 맡아야 한다면, 나 혼자 돈을 번다는 건 부담스러워."라고 말한다. 당신 역시 양육의 일정 부분을 맡고 싶다면, 그럴 시간적 여유를 가질 수 있도록 아내에게 전업 혹은 부업으로 일을 계속할 수 있겠는지 솔직히 물어보라.

사랑받는 남편,
칭찬받는 아빠가 되려면

◇ 아내를 나쁜 냄새로부터 지켜라

　냄새가 많이 나는 곳은 일단 피하라. 수년간 각종 음식과 바닥 세척제 등으로 인해 찌든 냄새가 밴, 더군다나 환기도 안 되는 술집이나 레스토랑에는 아내를 데려가지 말라. 파리가 들끓는 음식점 앞 쓰레기봉투를 발견했을 때는 아내의 어깨를 꼭 감싸 안고 걸어라. 면도 후에는 항상 로션을 바르도록 하고, 구강청결제를 쓰는 것도 좋다. 절대로 아내 앞에서 지독한 입 냄새를 풍기지 않도록 주의하라.

더운 여름날 임신한 아내와 함께 공기 좋은 시골 농장에 놀러 갔다면? 일단 모든 형태의 악취로부터 아내를 보호하고 특히 쓰레기통을 자주 비우도록 하라. 만일 고양이를 키우고 있다면 각종 질병을 미연에 방지하기 위해서라도 고양이용 변기를 자주 비우는 것이 좋다.

아내의 속을 뒤집어버리는 냄새는 악취만이 아니다. 평소 즐겨 쓰던 보디 샴푸나 향수 같은 것도 임신 초기에는 폭풍구토를 일으키는 원인이 되기 십상이다.

잊지 말라. 초기 임신부의 후각은 마약 탐지견만큼이나 놀랍다.

◇ 아내가 물을 많이 마신다는 것을 기억하라

임신한 여성은 보통 사람보다 두 배 가까이 많은 물을 마셔야 한다. 아기를 가지면 혈액량이 늘어 수분이 부족하게 되고 몸이 잘 붓게 된다. 이때 물을 충분히 마셔주면 혈액순환에 도움이 될 뿐만 아니라, 아내 몸속의 장기와 세포를 쿠션처럼 보호해줄 수 있다.

또한 체내 대사가 활발해져서 임신부가 걸리기 쉬운 변비나 방광염 같은 질환을 예방할 수도 있다. 아기를 위해서도 많은 물을 마실 필요가 있는데, 수분을 충분히 섭취해야지만 양수의 양도 충분해져 태아가 탯줄에 감기는 사고를 방지할 수 있다.

출산 후 모유 생성을 위해서라도 수분 섭취는 중요하니, 아내가 임신 초기부터 물을 충분히 먹는 습관을 들일 수 있도록 돕도록 하라.

◇ 지금이라도 임신 기간에 할 수 있는 적당한 운동을 찾아라

지극히 당연한 얘기지만 넘어질 위험이 있는 격렬한 에어로빅이나 스포츠는 금물이다. 어떤 운동이든 우선 의사와 상의해야 한다. 그런 다음 임신부를 안배하는 운동 시설을 찾는 것이 좋다. 아마도 운동 강사는 임신부를 위한 대체 프로그램을 권할지 모른다.

같이 운동을 하게 된다면 아내에게 언제 멈춰야 하는지 알려주도록 하라. 지금은 극한까지 육체를 단련할 때가 아니다. 꼭 물을 챙겨가도록 하고, 아내가 운동 전후에 반드시 물을 섭취하도록 하라.

당신에게도 정기적인 운동이 필요하다. 적어도 일주일에 3일은 헬스클럽을 가도록 한다. 단순히 걷는 운동이더라도 심장박동을 높여줄 만한 무언가를 시작하는 것이 좋다. 그렇지 않으면 체중계에 올라서서 눈에 보이는 숫자에 놀라고 있는 자신을 발견하게 될지 모른다.

내가 그랬다. 첫아이를 가졌을 때 나는 아기가 발로 찰 때나 움직임이 없을 때, 또 아내가 아프다고 할 때마다, 그 밖의 상상 가능한 모든 일들에 대해 걱정했다. 그때마다 나는 본능적으로 부엌으로 걸어가 새하얀

냉장고 문을 바라보며 마음을 진정시켰고, 귀신에라도 홀린 양 냉장고를 열고는 고칼로리의 음식들을 입으로 구겨 넣었다.

한편 나는 아내의 엄청난 식욕에 아무런 대비를 하지 못했다. 어느 저녁 파티에 가는 길에 아내가 갑자기 모차렐라 치즈 위에 검은 올리브와 마요네즈를 얹고 소금을 친 샌드위치를 먹고 싶다고 했다.

나는 "20분이면 도착할 텐데? 파티 음식도 괜찮을 거야."라고 달랬고, 아내는 재차 "음식은 없고 음료만 있는 파티면 어떻게 해?" 하고 물었다. "20분이 아니라 30분, 아니 40분이 걸리면 어떻게 해?"라고 덧붙이기까지 했다.

나는 그 즉시 택시 기사에게 근방에 있는 샌드위치 가게에 멈춰달라고 하고는 달려가서 샌드위치를 사 왔다. 아내는 다음 신호등에 도착하기도 전에 절반을 먹어치웠다. 그러고는 후회하는 듯 의자 깊숙이 기대며 남은 반을 내게 넘겨줬고, 나 역시 바로 먹어치웠다.

결과는 어땠을까? 아내는 임신 3개월을 넘겼을 때 바지 단추를 채우기가 어려웠다. 6개월이 지났을 때는 아예 채워지지도 않았으며, 9개월째에는 지퍼조차 올리지 못했다. 고무줄 바지가 그리워질 판이었다. 사진을 찍어보면 이중 턱에 양 볼이 터질 것 같았다. 아내는 체중이 18킬로그램이나 늘었고, 이는 비정상은 아니어도 임신부치고는 꽤나 많이 찐 편이었다(산부인과 의사의 말에 의하면). 언젠가부터 나 역시 늘어난 살집을 확인하는 게 두려워, 아예 체중계에 올라가보지도 않았다.

다행히 아내는 딸이 태어난 지 6일 후 13킬로그램이 빠졌다. 그런데 나는 조금 더 쪘다. 딸아이의 백일잔치 때 손님들은 그간 옷장에 묵혀둔 드레스를 입고 나타난 아내를 보고 모두 감탄했다. 누군가 샴페인 한 잔을 들고 내게 다가와서는 "임신한 남편을 위해서!"라며 건배를 제의했다. 나는 어정쩡하게 건배에 응할 수밖에 없었다. 자존심이 몹시 상한 나는 그날로 살들과의 전쟁을 선포했다. 아침엔 조깅을 하고, 사우나에서는 팔 벌려 뛰기를 했으며, 계단을 오르내리기도 했다. 원래 허리 사이즈를 찾기까지 꼬박 1년이 걸렸다.

뼈아픈 경험을 한 나는 둘째를 가졌을 때 절대로 냉장고 앞에서 얼쩡거리지 않겠다고 선언했다. 과감하게 음식을 절제했고, 절대 유혹에 빠지지 않았다. 이윽고 둘째인 아들이 태어났을 때 사람들은 아기가 아빠를 빼닮았다며 칭찬했다. 잘생기고 훤칠한 원래의 나를 말이다.

운동할 시간을 내기 어렵다면 줄넘기라도 시작해보자. 줄넘기는 근육을 단련시키고 혈액순환을 원활하게 할 뿐 아니라 정신 건강에도 좋다. 단 몇 분만 투자해도 좋은 결과를 낼 수 있을뿐더러 몇몇 동작을 가미하면 재미도 더해진다.

한 발씩 교차해 뛰거나, 한 점프에 줄을 두 번 돌려보자. 20분 정도는 순식간에 지나간다(몇 번 쉬기는 하겠지만). 그뿐인가. 지나가는 사람들이 이따금씩 멈춰 서서 당신이 권투 선수라도 되는 양 쳐다볼 것이다(그 시선이 싫지 않을 것이다).

정도의 차이는 있겠지만, 당신의 아내는 출산을 마친 후 분명 살이 빠진다. 더군다나 당신의 아내가 몸매에 민감한 편이라면 분명 예전 모습을 찾으려고 노력을 기울일 것이다. 당신만 배불뚝이 아저씨로 남는 걸 바라지 않는다면, 긴장의 끈을 놓지 말라. 집 안에 체중계를 두고 몸무게가 2킬로그램 이상 늘지 않도록 평소에 관리해두길 권한다.

◇ 아내가 아침에 복통을 일으키면 음식량을 줄여줘라

아침에 눈을 뜬 아내가 종종 배가 아프다고 할지 모른다. 그렇다면 아내에게 음식을 조금만 먹도록 권하되, 특히 매운 음식은 피하도록 한다. 속이 울렁일 때 생강차를 마시면 메스꺼움이 가라앉는다. 의사가 권하는 허브티도 효과가 좋고 약국에서 파는 입덧 방지 손목 밴드를 사용해보는 것도 나쁘지 않다. 의사에게 어떤 제산제를 복용하면 좋을지 미리 물어보고 사탕 종류를 상비약처럼 준비해둬라. 경우에 따라 다르지만 어떤 여성들은 사탕을 먹으면 속이 편안해지기도 한다. 그러나 아침이 지나면 증상이 완화될 것이라는 기대는 처음부터 버려라. 메스꺼움은 시도 때도 없이 찾아온다.

◇ 아내를 유혹할 술과 음식을 없애라

아내가 공공장소에서 술을 마시긴 어려울 것이다(전혀 모르는 사람도 술잔을 뺏어버리거나 잔소리를 해댈 테니 말이다). 하지만 집에서는 와인 한 잔의 유혹을 뿌리치기 쉽지 않다. 각종 술과 와인은 없애버리거나 창고로 옮겨 아내가 이러한 유혹을 받지 않도록 도와라.

대신에 다른 걸 찾아보자. 무알코올 맥주는 그다지 나쁘지 않다. 과

일을 띄운 무알코올 칵테일이나, 라임으로 향을 내어 진토닉과 색은 비슷하지만 술은 안 들어간 음료를 만들어보면 어떨까(물론 둘 중 한 명은 그 맛이 아니라고 불평하겠지만). 카페인이 없는 원두커피를 준비하거나, 무알코올 맥주병을 따거나, 무알코올 와인의 코르크를 따는 것으로 분위기만이라도 맛볼 수 있을 것이다.

또 한 가지, 냉장고와 찬장에 쌓여 있는 것은 모두 허리로 가게 된다. 냉장고의 아이스크림을 없애는 것은 아내는 물론 당신을 위한 것이기도 하다. 아내가 임신한 동안은 두 사람 모두 한 숟가락으로는 만족하지 못할 것이다. 냉장고와 찬장을 비우자. 그 대신 저지방 요구르트나 각종 과일을 넣어두라. 직접적으로든 간접적으로든 당신은 아내를 보호해야 한다.

◇ 이 시기에 유산 확률이 가장 높음을 인지하라

예비 부모들의 가장 큰 걱정이 유산이다. 아무 문제 없이 임신기를 보낼 수 있으면 좋겠지만, 생각보다 많은 부부가 임신 초기에 유산을 겪고 있다. 임신 12주 전까지 아내가 스트레스를 받지 않도록 각별히 주의하라. 가능한 한 아내의 육체적 그리고 정신적인 스트레스를 차단해야 한다(물론 아내에게는 이런 얘기를 하지 말라).

아내가 운동해야 하는 9가지 이유

1. 엉덩이가 (아니 사실 다) 처지는 것을 방지할 유일한 방법이므로.

2. 호르몬 분비가 극대화되기 전에 몸의 균형을 유지해야 하므로.

3. 임신부는 몸에 착 붙는 옷이 잘 어울리므로(귀엽다).

4. 당신이 함께하겠다고 약속할 것이므로(특히 운동 클래스에 남자가 없을 경우 아내가 너무 좋아할 것이다).

5. 지루하고 힘든 운동을 견뎌내는 힘이 출산에 필요한 정신력으로 이어지기 때문에(운동을 마치면 진한 희열이 온다).

6. 운동으로 칼로리를 소모하면 출산 후 살이 더 빨리 빠지므로.

7. 식욕을 떨어뜨리고 운이 좋다면 메스꺼움도 없애주므로.

8. 아내의 몸이 유연해져 16살짜리 러시아 올림픽 체조 선수처럼 다리 벌리기도 가능할 것이므로.

9. 아내가 자신감이 생길 거고, 이는 곧 잦은 섹스로 이어질 거고, 당신은 더 행복해질 거고, 아이 역시 행복해질 거고, 그 덕에 멋진 어른으로 자랄 거고, 당신의 노후를 훌륭히 지원해줄 테니.

◇ 아내를 위한 안전 공간을 확보하자

버스에 탔는데 앞에 이어폰을 낀 뚱뚱한 녀석이 앉아 있다면 과감하게 양해를 구해 아내가 앉을 수 있도록 하라. 지하철을 탔다면 아내 앞에 서서 다른 사람이 아내의 배를 팔꿈치로 치고 가는 일이 없도록 주의를 기울인다. 사람이 많은 쇼핑몰에서는 아내가 편하게 이동할 수 있도록 앞장서서 통로를 만들어줘라. 대부분의 사람은 이해해줄 것이다. 임신은 누구에게나 숭고한 것이니까. 아마 당신은 이미 무의식적으로 이보다 더 아내를 보호하려고 애쓰고 있을 것이다. 좋은 현상이다. 직접적으로든 간접적으로든 당신은 아내를 보호해야 한다.

◇ 신체검사를 받아라

아내에게 모든 관심이 집중되어 있는 동안 정작 자신의 건강에는 소홀하기 쉽다. 지금 바로 심장 혈관 계통에 이상이 없는지 콜레스테롤 수치와 고밀도 리포 단백질((high density lipoprotein, HDL) 수준을 확인해보라. 검사 결과를 보고, 필요하다면 콜레스테롤 수치를 개선할 수 있는 방법을 찾아본다. 기분 좋은 검사는 아니지만 전립선 검사도 빼놓으면 안 된다. 평소에 이상 증상이 없더라도, 예방 차원의 검진을 통해 전립선 건강을 비롯해 생식기 계통의 건강을 챙길 수 있다.

병원에서 검사를 받으면 '의학적으로 가장 정확한' 체중계에도 올라가보게 된다. 수치가 정상이라면 현재의 몸무게를 유지하도록 목표를 정해 관리하고, 과체중이라면 적절한 운동법이나 식단 관리를 시작해본다. 임신 기간 동안 아내의 몸무게가 늘어난다고, 당신의 몸무게도 따라 늘어나게 놔둬선 안 된다. 아이의 첫 울음을 듣는 순간, 당신은 손자 손녀가 태어날 때까지 건강하게 살고 싶다는 생각을 하게 될 것이다. 그럴 수 있도록 지금부터 노력하라.

참 아이러니하게도 인생 중 스트레스가 가장 없어야 할 임신 기간에 가장 많은 스트레스를 받는다. 당신의 아내는 아주 작은 일에도 근심과 걱정을 쏟아낼 것이다. 확률이 아주 낮더라도 출산이 잘못되지 않을까, 아이에게 문제가 있지는 않을까 조바심 내고, 산부인과 의사가 이런저런 조언을 해줄 때마다 자기 혼자 상상의 나래를 펼칠 것이다.

아내가 걱정을 접어두고 편안히 누워 깊은 숨을 들이쉴 수 있게끔 도와줘라. 그와 함께 당신도 그럴 수 있도록 스스로 노력을 기울여라.

임신 초기에는 여성호르몬이 급격히 증가해 임신부의 몸에 여러 변화가 생긴다. 배 속 아기도 본격적으로 신체기관을 만들기 때문에 그 어느 때보다 건강관리가 필요하다고 할 수 있다. 이런 중요한 시간을 보내고 있는 아내를 곁에서 지속적으로 돌볼 수 있는 사람은 남편뿐이다. 몇 개월 후면 만나게 될 아기를 위해, 또 가족 모두의 행복을 위해 이 중요한 시기를 건강하게 보낼 수 있는 방법을 찾아보도록 하자.

알다가도 모르겠는
아내의 속마음

의사가 임신 사실을 확인해준 뒤부터 아내는 자신이 임신 사실을 모르고 저지른 일에 대해 불안해할 것이다. "이를 어째? 그 전날 밤에 술을 잔뜩 마셨었는데! 어떡하면 좋지?"라며 걱정하기 시작한다. 또는 새벽 4시까지 파티에서 놀았던 걸 후회하고 있을 수도 있다. 그 파티에서 담배를 피운 사실(게다가 독한 담배를 연거푸!), 아니면 어떤 형태로든 임신 시에 절대 하지 말아야 할 것들을 하지는 않았는지 되짚어보며 말이다.

딩신은 그런 아내를 위로해야 하고 그녀의 행동이 아기에게 아무런 영향도 주지 않았을 것임을 확신시켜줘야 한다. 잊지 말자. 9개월 동안 아내가 죄책감에 사로잡혀 지내게 하지 말라.

◇ **아내의 일을 함께 걱정하라**(남편인 당신의 일과 함께)

언제 아내는 자신의 상사에게 임신 사실을 알려야 할까? 이 사실을 알림으로써 아내가 진급에서 제외되지는 않을까? 직장 생활에 대한 열정이 충분하다고 해도, 아내는 아이를 위해 자신의 일을 포기할 수도 있다. 만일 그렇게 된다면 얼마 동안이나?

어쩌면 아내는 휴직하지 않는 것을 두고 죄책감을 느끼고 있을지 모른다(자기 어머니만큼이나 자식에게 좋은 엄마로 남기 위해). 아니면 "내 월급을 모조리 보모를 쓰는 비용으로 내는 건 말도 안 돼!"라며 억울해할 수도 있다. 또는 자신이 과연 전업주부로서 매일 반복되는 일상을 감당해낼 수 있을지 두려워하고 있을지도 모른다. 아내에게는 직장 생활을 병행하든 육아에 전념하든, 그 어느 쪽도 논리적으로 쉽게 결정 내릴 수 없는 사안임을 이해해야 한다.

아내에게 현재 직업이 있더라도, 전업주부가 되는 것에 대해 진지하게 이야기해봐야 한다. 어쩌면 당신은 지금까지 아내의 수입에 일정 부분 의존해왔고, 아내가 전업주부가 된다는 사실에 목이 조이는 느낌을 받을 수도 있다.

더군다나 당신은 일뿐만 아니라 아이에게까지 시간을 할애해야 하는데, 어떻게 해야 지금보다 돈을 더 벌 수 있을까? 이제 막 대학을 졸업한, 석사 출신의 후배들을 과연 이길 수 있을까? 그들은 아마 오전 8시 전에 출근해서 오후 9시까지 일을 하고는, 밤에 라켓볼을 치고 야식으로 햄버거를 먹은 뒤 밤늦게 잠들 만큼 체력도 좋을 것이다.

이건 마치, 속도를 줄이기 위해 자동차의 액셀러레이터에서 발을 떼지만, 한편으로는 더 빨리 달려야 하는 상황에 놓인 것과 같다. 정말 아내와 할 얘기가 많을 것이다.

◇ 아내에게 임신 증후가 보이지 않는다면

주변에서 알아주지 않는다면 아내는 임신이 실감나지 않을 수도 있다. 특히 입덧이나 현기증 등 임신 증후가 없으면 더 그렇다. 지금 아내는 배가 볼록 나와 누구라도 자기가 임신했음을 알아주는 그날만을 고대하고 있을지 모른다. 또 어쩌면 사람들이 자신의 임신 여부를 두고 수군대고 있다고 혼자 상상할 수도 있다. 아내의 혼란을 덜어줘라. "사람들이 어떻게 생각하는지는 중요하지 않아."라고 당당하게 말하라.

◇ 아내가 겪는 괴로움은 생각보다 크다

대학시절 가장 심하게 숙취를 겪은 날을 떠올려보라. 물 한 잔만 마신다고 상상해도 구역질이 날 것이다. 몸의 모든 맥박이 진동하고, 온몸이 쑤시며, 관자놀이가 금방이라도 폭발할 것 같다. 변기에 얼굴을 파묻고 있으려니, 목덜미와 뒷머리에 소름이 돋고 혀가 얼얼하다. 입안엔 신맛이 가득하고 목구멍으로는 불쾌한 냄새가 느껴진다.

거기에 딱 세 배를 곱해보라. 지금 아내가 느끼는 기분이 그렇다. 그러니 만일 아내가 변기를 노려보고 있으면 잠자코 곁을 지켜라. 물론 조금 지저분하다고 느껴질 수 있다. 아내 역시 당신을 밀쳐낼지 모른다. 하지만 이런 행동에 아내는 자신의 아름답지 않은 모습까지, 당신이 모든 것을 사랑하고 있다고 느낄 것이다. 아내가 괜찮아지면 박하사탕 하나를 건네고는 따뜻하게 안아주도록 하라.

예비 아빠가 지금 당장 그만둬야 할 5가지

다음의 금지 사항을 지금 그만두면 훨씬 수월해질 것이다. 분명 아내와 친분이 되는 것이 더 나아지지 않을 것이다. 다음은 아내와 당신 모두에게 해당한다. 함께하다면 완전 좋을 것이다.

1 음주하지 말라(당신의 아내와 함께).

2 그런 일은 없겠지만, 몰래라도 담배 피우지 말라. 어떠한 흡연도 아내가 간접 흡연할 가능성이 크며, 2차 흡연의 위험성은 생각보다 크다.

3 자극적이거나 튀긴 음식을 피하라(냉동 음식이 우리가 원한다).

4 카페인이 들어간 차나 커피, 콜라 피하라(아내가 없을 때 조금 마셔도 된다).

5 흡연자는 지금 금연하여 건강에 관심을 가져라.

이런 책은 임산부에게 맞게끔, 적당한 수준의 의학적 지식과 임신 중에 닥칠 위험 등을 설명하고 있다. 물론 당신은 이런 책을 많이 본다고 해서 임신에 대해 더 많은 것을 알 수 있다고 믿지 않을 것이다. 하지만 그녀는 그렇다. 당신은 아내가 책을 놓도록 이런저런 수를 써보겠지만, 그녀는 듣지 않을 것이다. 이제 당신이 할 수 있는 마지막 방법은 열정적인 스킨십으로 아내의 관심을 분산시키는 것일 텐데, 아마도 이미 아내는 임신 달력을 보며 섹스가 가져올 수 있는 위험성을 걱정하고 있을 것이다.

아내를 책으로부터 떼어놓을 수 있는 방법을 전략적으로 생각해보라. 아내의 안경을 벗기고 둘만의 시간으로 끌어들여라. 당신이 아내의 배에 귀를 대는 순간, 아내는 책 보는 것 이상의 안정감을 느낄 것이다. 그 순간을 놓치지 말고 아내의 등이나 어깨, 발목이나 허벅지, 아니 그 어디든 따뜻하고 다정하게 문질러줘라.

◇ 임신 중 섹스는, 음······ 그러니까, 일반 섹스와는 다르다

이제 아내의 몸은 출산을 위해 점점 더 유연해지고 부드러워지며, 그

와 함께 육체적·정신적 교감을 필요로 한다. 그러나 임신 초기, 아내의 성욕은 예측불허다. 아마 당신은 매번 풍향이 변하는 바다에서 항해하는 기분이 들 것이다. 이럴 땐 풍향계를 예의 주시해야 한다. 어느 때는 아내가 섹스를 원하겠지만, 어느 때는 또 전혀 아니다. 따라서 아내의 기분이 달라지기 전에 재빠르게 행동해야 한다!

당신에게도 이미 많은 변화가 생겼다. 관계 중에 혹시라도 성기가 아기에게 닿지 않을지, 아기에게 무슨 문제라도 생기지 않을지 조심스럽고 염려스럽다. 나중에는 조산의 위험이 있지는 않을지도 걱정하게 된다. 물론 이런 모든 걱정에도 불구하고 당신은 그 순간을 즐기려고 노력하고 있을 것이다. 하지만 쉽지만은 않다. 순간적으로 발기가 되지 않을 수도 있고, 관계 후에 부부가 함께 아기에게 미칠 영향에 대해 걱정하게 될 수도 있다.

그럼 어떻게 해야 할까? 우선은 모든 걱정을 의사와 상의해보라. 아내가 정상적인 임신 상태라면, 아마도 의사는 괜찮다고 말해주며 당신에게 필요한 조언을 해줄 것이다. "격렬하다면 얼마나 격렬한 걸 말하는 건가요?" 또는 "혹시 제 성기가 아기에게 닿아 문제가 될 수도 있지 않나요?"와 같은 질문을 던져 모든 걱정을 날려버리자. 아기로 인해 당신의 성생활이 지장을 받도록 하지 말라.

또한 어떤 자세가 아내에게 더 편안한지 대화해보라. 분명한 건, 아내가 임신 전에 좋아하던 자세를 더 이상 좋아하지 않으리라는 것이다. 이린 추세는 앞으로 더욱 심화될 거다. 가능하다면 의학적이고 무거운 얘기를 나누기보다는, 가볍게 웃으면서 이런 얘기를 나누는 게 좋다. 섹스가 너무 의학적이면 흥분이 사라지기 쉬우니 말이다.

◇ 아내의 변덕스런 감정 변화를 받아들이고 함께하라

아내가 별것도 아닌 일에 눈물을 보인다고 웃어넘기는 그런 남편이 되지 말라. 오히려 그런 아내의 좋은 면을 발견하도록 노력해보라. 나는 TV에서 장거리 전화 광고를 보던 중 아내의 새로운 면을 발견했다. 그 광고는 티 없이 순수한 눈을 가진 한 시골 엄마가 도시에서 출세한 전문직 딸에게서 전화를 받는 내용이었다. 엄마는 눈가에 눈물을 머금고 아버지를 부르고, 아버지와 어머니는 딸을 자랑스러워하며 통화를 마무리했다. 광고의 마지막 문구는 이랬다.

"지금 휴대전화를 들고, 그분들께 연락하세요."

이 문구는 순식간에 아내의 마음에 와 닿았다. 우리 모두는 결국 무덤으로 돌아가는 존재이니 청춘의 방황도, 구두쇠 노릇도 그만하고 부모님이 돌아가시기 전에 효도하라는 얘기였다.

아내는 입을 손으로 틀어막고 눈물을 펑펑 흘렸다. 그러더니 진정시키려는 나를 밀쳐내며 모든 지인에게 전화를 돌렸다(지금이 베이비붐 시대였다면 아마 나는 통신회사 주식을 엄청나게 사들였을 것이다).

이후 아내는 자신이 바보 같았다고 했지만 나는 아내의 따뜻한 마음을 본 것 같아 기뻤고 오히려 우리 둘 사이가 더 가까워진 것 같았다(통신회사 광고 덕분에).

하지만 아내의 변덕에 조심스레 제동을 걸 줄도 알아야 한다. 한번은 어느 일요일에 임신한 친구를 브런치 레스토랑에서 만났다. 그런데 직원이 실수했는지 친구가 주문한 달걀프라이 대신 오믈렛이 나왔고, 이를 본 친구가 갑자기 눈물을 쏟았다. 호르몬 분비가 불안정한 상태라 이런 작은 일에도 감정이 극심하게 변한 것이다. 친구의 남편은 벌떡 일어나 웨이터들에게 소리쳤다.

"당신들, 지금 내 아내가 우는 것 안 보여? 달걀프라이를 시켰는데, 오믈렛을 갖다 주는 게 말이 돼?"

"진정하세요, 바로 다시 가져다 드리겠습니다."

"그런다고 해결될 줄 알아? 당신을 갈아치우기 전에 빨리 조치하도록 해!"

몇 달 후, 친구는 내게 털어놓았다.

"불쌍한 남편, 그때 난 제정신이 아니었는데. 아마 자기도 어쩔 줄 몰라서 그랬을 거야."

다른 말로 하자면, 아내의 불안정한 감정을 꼭 따라가야 하는 건 아니다. 아내에게 정말로 끔찍한 일과 사소한 일의 차이를 설명해줘라.

어찌 됐든 아내는 자신의 기분을 배출해야 한다. 힘들거나 우울할 때 자신의 여자 친구들에게만 의지하도록 내버려두지 말라. 또한 아픈 곳이 있을 때 꼭 당신에게 얘기하도록 하라.

우울한 아내를 단번에
웃게 만드는 8가지 비법

◇ 그냥, 좀 미친 행동을 하라

어느 날 아내가 내게 자궁에 아주 약하지만 간지러운 느낌이 든다고 말한 적이 있다.

"마치 나비가 날갯짓하는 것처럼 느껴져."

한 친구는 내게 수정이 이뤄진 난자가 자궁벽에 착상하는 과정에서 이런 느낌을 받을 수도 있다고 말했다. 만일 당신의 아내가 이런 얘기를 한다면 "말도 안 돼!"나 "아직은 아무것도 느껴지지 않을 때야." 또는

"어제 먹은 낙지볶음 때문 아닌가?" 같은 어리석은 말은 하지 말라. 아내 얘기에 초를 칠 필요는 어디에도 없다. 대신 당신 스스로 미쳤다고(?) 생각되는 행동을 해보자. 아내 배꼽에 귀를 대고는 정말 무슨 소리라도 나는지 들어보는 것이다. 물론 당신 귀에는 아내 배 속의 소화기관이 음식물을 꾸역꾸역 넘기는 소리(고래의 노래 소리와 비슷한)밖에는 들리지 않겠지만, 아내는 당신의 그런 시도만으로 감동받을 것이다.

◇ 아내의 엉덩이가 아직도 탱탱하다고 거짓말하라

둘째를 가졌을 때 아내에게 이 거짓말을 많이 했다. 아내는 종종 "내 엉덩이가 축 처진 것 같지 않아?"라고 물었고, 그때마다 나는 "아니."라고 답했다.

"진짜?"

"그래."

"하나도?"

"전혀."

"이상하네, 처진 느낌이 드는데 말이야."

한번은 세 살 된 첫애가 엄마와 목욕하는 중에 일을 그르칠 뻔했다.

"엄마, 엉덩이가 하나 더 생겼어!"

아내는 "안 처졌다며?"라며 나를 째려봤다. 나는 이렇게 대답했다.

"쟤는 TV에 나오는 모델하고 비교한 거지!"

"웃기네!"

"진짜야……."

이 거짓말에 대해서는 절대로 양보하지 말라. 아내는 당신의 진심을 듣고 싶어 하는 것 같지만, 사실은 아니다(어쨌든 아내의 엉덩이는 조만간 정상으로 되돌아올 것이다).

◇ 한여름이라면 수영장 가장자리에 걸터앉아 책을 보게 하라

볕이 좋은 여름날 나는 아내에게 종종 이렇게 하라고 권했다. 임신 중에 여유를 즐길 수 있는 가장 좋은 방법이라고 생각했기 때문이다(물론 부부마다 방법은 다를 수 있다). 배 속의 아이에게 무리가 되지 않도록 다리를 움직이는 등 종종 자세를 바꾸긴 했지만, 모든 걸 떠나 아내는 그냥 즐거워했다.

수영장에서 즐거워하는 아내에게 챙 넓은 모자를 씌워주고, 선크림을 듬뿍 발라준 다음 점심을 가져다주자. 아내는 당신이 얼마나 든든한 남자인지를 새삼 깨달을 것이다. 또, 그 순간을 사진에 담아 남겨두라. 임신 몇 개월째였는지 기록해두는 센스를 발휘하면 금상첨화다.

뉴욕 메츠(미국 야구팀)는 경기장 외벽에 이런 플래카드를 내건 적이 있다.

"야구는 야구다워야 한다!"

솔직한 말로, 섹스도 그래야 하지 않을까? 그동안 써온 콘돔과 여성 피임기구, 살정자제 따위는 사실 거추장스러웠다. 이제야 기분이 제대로다. 아내에게 그 느낌과 친밀감이 얼마나 좋은지 얘기해줘라. 매번 당신이 내보내는 정자들을 걱정하지 않아도 되니 얼마나 홀가분한가?

이런 날들도 오래 남지 않았다. 지금 이 순간을 충분히 즐겨라.

거리를 거닐 때 아내를 부축하고, 무거운 가방은 들어주고, 아내는 지갑만 들고 다니도록 하라. 임신 초기라면 아직 그럴 필요는 없다고 생각하겠지만, 그래도 하라. 아내가 괜찮다고 얘기할지 몰라도(아마도 안 그럴 것이다), 아내는 당신의 다정한 관심을 내심 기뻐할 것이다. 세상에 호의를 싫어할 여자는 없다.

적어도 눈비 또는 얼음으로 미끄러운 바닥을 걸을 때는 아내가 꼭 당신의 팔짱을 끼고 걸을 수 있도록 하자. 임신 기간에는 중심 감각이 떨어져 있기 십상이다.

첫사랑을 떠올리면 아내에게 어떻게 마음을 전해야 할지 방법이 생각날 것이다. 아무 방법도 생각나지 않는다면 일단 연애편지를 한 통 써보자. 무슨 말부터 해야 할지 감을 잡을 수 없으면, '가장 기억에 남는 순간들'이라는 제목을 먼저 쓰고 아내와 함께한 순간들을 떠올리며 글을 써 내려가면 된다. 달콤하고도 솔직하게 쓰라. 아내와 당신의 기억 속에 이제는 가물가물해진 순간들에 대해 쓰면 된다.

처음 내가 편지를 써서 임신한 아내에게 줬을 때, 아내는 눈물을 흘리며 나를 껴안았다. 그러고는 편지를 몇 번이고 다시 읽었다. 이후에도 나는 계속 편지를 썼다. 꼭 아내를 위해서만이 아니라, 우리 삶에서 어떤 순간이 가장 소중했는지 되돌아보는 의미에서 말이다. 이제 아내는 이 편지들을 작은 상자에 넣어서 보관한다. 훗날 어쩌다 서로 멀어질 일이 있다면, 이 편지를 꺼내 읽고는 그런 생각이 얼마나 부질없는지 깨달을 것이다.

◇ 아내와 함께 볼 영화를 선별하라

아이가 엄마의 눈을 통해 함께 볼 것이라고 상상한다면(물론 논리적으로는 말이 안 되지만), 아내가 어떻게 반응할지 예감이 올 것이다. 피가 튀는 장면에서 아내는 아마 영화관 밖으로 뛰어나갈 것이다. 부상당한 람보가 참호 안을 기어가는 장면보다는 아기가 엉덩이를 내놓은 채 기어가는 장면이 낫다. 슬픈 영화를 보러 간다면 가방 안에 휴지나 손수건을 여유 있게 챙겨두기를 권한다. 인생의 주기를 다룬 영화일 경우 아내는 더욱 눈물을 쏟아낼 것이다.

그러나, 디즈니 영화는 보지 않는 편이 낫다. 한번 보고 나면 주변이 온통 디즈니로 가득 채워질 테니. 차에는 디즈니 노래, 서재에는 디즈니 책, 목욕탕에는 디즈니 장난감, 침대나 서류 가방은 물론 심지어는 속옷, 양말, 티셔츠, 반바지도 온통 디즈니 천국이 되고 만다.

영화나 아기가 나오는 광고, 혹은 아내와 당신의 아기 때 사진을 보면서 아내와 함께 울어라. 임신한 아내들은 대개 남편이 일정 부분 감수성을 갖기를 기대한다. 게다가 분만실에서 아기를 처음 안았을 때를 위해서라도 미리 연습하는 게 좋다. 당신이 울지 않는다면, 아내는 아마도 당신을 이해하지 못할 것이다. 임신 중에는 남자다운 것보다 아내를 더 화나게 하는 것이 없다. 눈물이 나는 장면에서 애써 웃으려고 하지 말라. 걱정에 사로잡혀 있을 때는 억지로 낙관하듯이 굴지 말라. 아내는 아마도 다 꿰뚫어 볼 것이다.

◇ 섹스 횟수가 줄었다면 서로 마사지해보라

아내의 마음속에는 이미 많은 생각들이 들어차 있다. 게다가 몸은 태아로 인해 큰 변화를 겪게 되었다. 많은 부담이 아닐 수 없다. 이때 섹스 횟수가 주는 것은 어찌 보면 당연한 일이다.

밤에 아내의 목과 어깨, 팔과 허리, 엉덩이와 허벅지, 종아리를 마사지해주자. 아내에게도 당신의 어깨와 두피를 주물러달라고 요청해보라 (섹스에 굶주려 있다면, 당신의 성기도). 이런 마사지는 그냥 마사지로 끝날 수도 있고, 성관계로 이어질 수도 있다. 어떤 결과든 당신은 이해해줄 수밖에 없다.

사랑받는 남편이 되기 위한 TIP!

절대로, "당신을 마사지해주기엔 내가 너무 피곤해."라고 말하지 말라.

아내는 결코 이해해주지 않을 것이다.

임신한 아내가 남편에게 원하는 10가지

1 아이와 함께하는 미래에 대해 얘기 나누는 것.

2 임신의 두려움을 극복할 수 있도록 도와주는 것.

3 최대한 자주 산부인과에 함께 가주는 것.

4 아이의 방을 함께 꾸미는 것.

5 등 아래쪽이나 발처럼 아픈 곳을 자주 문질러주는 것.

6 퇴근길에 꽃을 사다주는 것.

7 내가 어디가 아픈지, 내 걱정이 무엇인지 매일매일 들어주는 것.

8 내가 원할 때 섹스를 하되, 원치 않을 때는 말없이 이해해주는 것.

9 퇴근해서 손부터 씻지 말고 오늘은 어땠는지 물어봐주는 것.

10 다른 여자는 절대 쳐다보지 않는 것(특히 나랑 함께 있을 때).

산부인과 방문,
이것만은 기억하자

◇ 아내를 산부인과에 데려가라. 단, 단단히 준비하고 가라

무슨 준비? 불안감과 불확실성에 대한, 그리고 '멍청할' 준비다. 대기실 광경을 묘사하자면, 임신한 여성들(임신 단계별로), 몇몇 남편들 그리고 부인과 검진을 받으러 온 임신하지 않은 여성들이 앉아 있다. 그들은 힐끔힐끔 당신을 쳐다본다.

당신은 기다리는 동안 볼 만한 잡지를 찾는다. 하지만 그 흔한 스포츠나 자동차 잡지는 보이지 않는다. 온통 패션, 육아 그리고 주부 관련 잡지

뿐이다. 아무리 생각해도 여긴 당신이 있지 말아야 할 곳 같다.

플라스틱 컵을 든 간호사가 아내의 이름을 부른다. 당신은 읽는 둥 마는 둥 하며 잡지를 훑어본다. 이내 간호사가 당신을 불러들이고, 당신은 불안한 마음으로 진료실로 발길을 향한다.

의사가 임신 사실을 확인해주는 순간, 당신은 이 흰색 가운을 입은 남자(혹은 여자)가 얘기해주기 전까지 아내의 임신을 완전히 믿지 않았다는 사실을 깨닫게 된다. 의사가 임신 주기표를 확인해보며 언제 임신을 한 건지 알려주는 순간, 당신은 그날 아내와 섹스를 했는지 되짚어보게 된다. 의사는 언제가 출산 예정일인지를 얘기해주며, 예정일 자체가 아주 정확한 것은 아니라고 일러준다. 하지만 이미 당신과 아내는 그 날짜를 마음속 깊이 새겨둔다.

아내와 함께 복도를 걸어 나오는 동안, 모든 간호사와 직원들은 미소를 지으며 축하해준다. 아내의 임신을 말이다. 밖으로 나온 후에 당신은 스스로 생각해본다(혹은 아내에게 물어본다).

'난 그냥 저 안에서 환영받지 못할 조연에 불과했던 건가?'

사실을 말하자면, 세상은 이제 갓 '임신을 함께하는 남편과 아내'의 개념을 받아들이기 시작했을 뿐이다. 그러니 괜히 서운해하거나 소외감을 느끼지 말라. 당신이 경험하는 것은 세상 모든 남편들이 겪는 일이다. 아내에게만 관심이 집중되더라도, 당신 역시 이 임신의 엄연한 주인공임을 잊지 말자.

이건 남편의 일이 아니라고 생각할 수 있다. 하지만 당신 역시 아이 아빠로서 산부인과 의사가 어떤 사람일지 궁금할 것이다. 그렇다고 아내에게 이래라저래라 간섭하라는 건 아니다. 그저 상담 창구 역할만 해주면 된다. 아내는 손을 꼭 잡아주는 감성적인 의사를 좋아할까? 아니면 정확하고 원칙적인 의사를 원할까? 혹은 전통적인 산파를 원할까?

물론 당신 눈에 믿을 만한 사람이면 좋겠지만, 그에 앞서 아내와 의사의 관계가 더 중요하다. 당신이 보기에 아내의 담당의가 별로라면, 아내의 생각을 솔직히 물어보자. 이때 당신의 생각이 무시당하는 것 같다면 당당히 얘기하라. 한 가지 유념할 점은, 의사가 필요한 건 아내이고, 의사역시 아내의 의사라는 점이다.

아내가 조산사를 원한다면, 의학적으로 걱정되는 바를 얘기해야 한다. 당신 머릿속엔 만일의 사태에 대한 걱정들이 가득할 것이다(그 걱정들이 현실로 나타날 가능성이 희박하더라도). 당신은 아내가 출산 중에 큰일이라도 당하면 어쩌나 싶어 첨단 안전장치가 완벽하게 구비된 병원을 원할지 모른다. 이럴 땐 절충안을 쓰는 것이 좋다. 분만실로 조산사를 부르면 어떨까? 혹시 문제가 생겼을 때 바로 도움을 청할 수 있으니 말이다.

또 하나, 아내에게 친구들의 추천을 받을 수 있다는 점을 상기시켜주자. 어쩌면 아내는 (지금의 의사가 남자라면) 여의사가 속마음을 더 잘 헤아릴 수 있다는 사실을 모를 수 있다. 당신도 앞으로 겪을 각종 검진에서 의사가 여자인 편이 더 마음이 놓일 것이다.

　내 아내는 자신의 부인과 의사(그는 남자였다)를 산과 의사로 선택한 후, 그를 불편해하기 시작했다. 의사의 한마디 한마디가 지나치게 냉정하고 단정적이어서 마음을 심란하게 했기 때문이다. 매번 병원 문을 나설 때마다 아내는 "그렇게 아이를 좋아한다는 사람이 어떻게 매번 통계 얘기만 하면서 아기들을 숫자로만 해석해?"라고 투덜대곤 했다. 결국 둘째를 가졌을 때 다른 의사를 알아보았고, 우리는 훨씬 우리 감정을 잘 이해해주는 여의사를 선택하게 되었다. 그녀 역시 두 아이의 어머니였다.

　하지만 이는 어디까지나 나의 경우다. 만일 당신 아내의 담당의가 남자라면, 아내가 그를 좋아한다는 생각이 들어도 불평하지 말라. 당신의 아내는 의사를 믿어야 한다. 아내가 그를 탐탁지 않게 여기더라도 존경심은 가질 만하다. 그는 모든 걸 알고 있으니까. 그러니 어떤 경우에든 의사의 역할을 절대 가볍게 생각하지 말라. 내가 아는 한 여자는 이렇게 말했다.

　"산부인과 의사에게는 정신과 의사에게도 말 못 하는 비밀들을 털어놓기도 해."

　"그게 뭔데?"라고 묻는 내게 그녀가 답했다.

　"남편에 대한 것들!"

　당신은 다소 소외감을 느낄지 모른다. 하지만 중요한 건, 산부인과 의사는 아내를 안심시키고 편안하게 해주며, 바르게 이끌어주기 위해 보수를 받는다는 사실이다.

그렇다면 당신의 역할은? 의사처럼 관심을 갖지 않는다고 아내가 당신에게 불평하지 않도록 임신 과정에 충분히 개입하는 것이다.

◇ 산부인과의 진료 절차에 익숙해져라

대부분 남자들에게 병원은 그다지 편한 장소가 아니다. 자신이 아픈 게 아닐 때는 무섭게 느껴질 수도 있다. 하지만 무슨 일이 일어날지 미리 알고 있다면 조금은 마음이 편해진다.

산부인과에 가면 우선 아내는 컵에 소변을 받아올 것이다(물론 혼자서). 그다음 간호사가 아내의 혈압을 측정한다(의사와 만나기 전에). 때로 아내는 체중을 재기도 한다. 이 순간을 아내는 가장 싫어한다(어젯밤 햄버거 먹은 걸 후회하면서). 이때 농담은 삼가는 것이 좋다. 아내는 절대 농담으로만 받아들이지 않는다.

이제 의사를 만나게 된다. 의사는 당신과 악수를 하곤 아내에게 이런 저런 질문을 한다. 그러고는 아내의 주요 부위를 진찰하게 된다. 이 순간, 당신은 어떻게 해야 할지 당황하게 될 것이다. 간혹 의사가 아내의 질 내부를 보겠냐고 묻기도 한다(나는 항상 됐다고 답했다).

만약 아내가 왜 그렇게 이상하게 행동했느냐고 물으면, 다른 여의사가 내 성기를 검진하고 있는 걸 본다면 어떤 기분이겠냐고 반문해보는 것도 좋은 방법이다. 게다가, 성기가 제대로 작동하는지 아내더러 확인해보겠냐고 묻는다면 말이다. 하지만 의사의 이런 행동은 분명 의학적인 것일 뿐이다. 의사는 순식간에 진찰을 마치고는 당신에게 의학적인 소견을 쏟아내기 시작할 것이다.

이제 당신에게도 기회가 왔다. 궁금한 것을 잊어버리지 않도록 미리 적어가라. 그리고 아내가 차마 질문하지 못한 부끄러운 얘기들을 모두 물어보라. 의사의 시간을 많이 빼앗는 건 신경 쓸 거 없다. 당신 부부와의 상담 역시 진료의 일부분이다. 진찰이 끝나면 꼭 아내에게 입을 맞춰줘라. 병원에 함께 와준 당신은 아내의 영웅이다. 아내에게 모든 것이 정상인 게 얼마나 다행인지 모른다고 말해줘라.

◇ 닥쳐올 수많은 진찰에 대비하라

임신 기간 동안 적어도 서너 번 이상 초음파 검사를 하게 된다. 아내가 누워 있는 동안, 간호사가 배 위로 차가운 멘솔 젤을 바르게 될 것이다. 검사 전에 아내에게 젤이 차가울 것이라고 미리 말해주거나 간호사에게 손이라도 비벼서 조금이라도 따뜻하게 해달라고 부탁하면 멋진 남편으로 보일 수 있다. 아내는 분명히 기대되느냐고 물을 것이다. 당신이 아무리 현대 기술을 정치만큼이나 형편없다고 여긴다 하더라도 정말 기대된다고 답하라(아내가 듣고 싶은 답은 이것 하나뿐이다).

의사가 막대 같은 기구를 아내의 배에 문질러 대는 동안, 옆의 조그만 화면에 영상이 표시될 것이다. 누워 있는 아내보다는 당신에게 화면이 더 잘 보이겠지만, 뭐가 뭔지 알아보기 어려울 것이다. 하지만 절대 그렇다고 말하지는 말라. 아내가 상처받을 테니. 아내에게는 지금이 바로 그간 구토를 하러 화장실로 달려가고, 몸무게가 늘어나 우울해하던 그 모든 기억을 뒤집을 만큼 소중한 순간이다.

아내는 아마 "봐, 손가락을 빨고 있어!" 혹은 "발로 차는 것 보이지?"라고 말할 것이다. 옆에 간호사가 있다는 사실에, 또 기계의 소음 때문에 정신이 없겠지만 꼭 초음파 사진을 출력해달라고 요청하라. 얇은 인화지에 출력되는 이 사진이 구겨지지 않도록 바로 다이어리나 수첩 사이에 끼워 넣도록 한다(이 책에는 초음파 사진을 붙여 놓을 수 있는 공간이 있다. - 편집자 주).

나는 병원에서 나오자마자 액자 하나를 구입해 사진을 끼워 넣은 후 아내에게 선물했다. 그러고는 아내를 꼭 안아주며, "우리 정말 아기가 생기는구나! 당신 정말 잘해주고 있어."라고 속삭여주었다. 바로 아내가 듣고 싶어 한 정확한 말이었다.

다음 방문 때는 임신 중 당뇨병 검사를 할 것이다. 아내에게 당뇨가 있는지 꼭 기억해둬라. 대부분의 임신 중에 생긴 당뇨는 일시적이며 출산 후에 사라진다. 아마도 아내는 물약 하나를 받을 것이다. 밤새 냉장고에 넣어뒀다가 검사 한 시간 전에 마시고 오라고 할 것이다. 아내는 약 맛이 이상하다며 먹은 즉시 얼굴을 찌푸릴 것이다. 내 아내는 살충제 향과 비슷한 맛이 난다면서 나더러 한번 먹어보라고 권하기까지 했다.

이후에도 수많은 검사가 있다. 대부분 혈액이나 소변을 이용한 검사인데, 모두 당신에게 걱정을 안겨줄 것이다. 모든 검사에 있어 원칙 하나는, 문제가 생기기 전까지는 걱정할 게 아니라는 것이다. 실제로 뭔가 잘못되었다고 나오더라도 침착하라. 검사가 잘못된 경우도 많으니까.

◇ 병원 등록 서류를 아내 혼자 적게 하지 말라

사소하지만 큰 영향을 주는 일 중 하나다. 처음 병원에 가면 등록 서류를 줄 것이다. 항목을 채우는 건 어렵지 않다. 멀뚱히 지켜보지 말고 아내와 함께 작성하라. 아내는 임신 사실을 느낄 수 있는 일은 무엇이든 즐기고 싶을 것이다. 아내에게 이 서류는 이 모든 난관의 끝에는 출산이라는 종지부가 있음을 실감케 해주는 하나의 위안으로 느껴질 것이다.

산부인과 의사에 대해 남편이 기억해야 할 6가지

1 의사는 신이 아니다.

2 임신에 대해 의사는 모르는 걸 알고 있고 당신은 거의 아무것도 모르고 있다고 해도, 아내에겐 당신이 훨씬 소중하다.

3 겁먹지 말라. 아무리 바보 같은 질문이라도, 당신에게는 물어볼 권리가 있다.

4 아내의 산부인과 의사가 남자라고 해서 질투할 것 없다. 하루 종일 여성의 질 내부를 진찰하는 것은 그다지 흥미로운 일이 아니다. (만약 그랬다면, 모든 남자가 산부인과 의사가 되려고 하지 않았겠는가?)

5 산부인과 의사의 일이라는 게 소방관보다도 더 바쁠 때가 있다. 의사가 지쳐 있거나 무뚝뚝하다고 해서 기분 나빠할 필요 없다.

6 의사가 의학적인 전문 용어로 얘기해서 못 알아들을 때는 공손하게 쉽게 다시 설명해줄 것을 요청한다.

PART 2

임 신 후 두 번 째 세 달

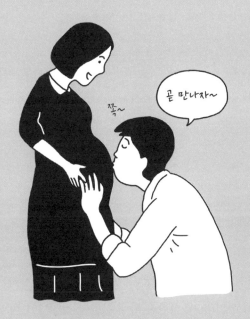

이제 매일 반복되는 일상과 임신에 대한 각종 걱정으로부터 벗어날 수 있는 이벤트가 필요하다. 촛불을 켜고 휴대전화는 잠시 꺼두자. 만일 아내가 "혹시라도 친정 엄마나 산부인과 의사에게 전화가 오면 어떡해?"라고 물으면, 그런 얘기는 지금부터 금지라고 웃으며 말하자.

아내의 변화에
익숙해져라

◇ 음식에 대한 아내의 열망을 놀리지 말라

사람마다 다르지만 임신 중기에 많은 여성이 불가사의할 정도로 대담한 식탐이 생긴다. 이 식탐을 아내 입장에서 보자면, 마치 손이 닿지 않는 등 한가운데를 모기에 물린 것과 같다. 당신이 긁어줘야 한다는 뜻이다. 아내가 식욕을 보일 때, 아이가 배 속에서 "엄마, 내 말 들려요? 들린다면 좀 짠 음식으로 먹어주세요, 아주 많이!"라고 요청하는 거라고 생각하면 된다. 아내는 자신의 식욕을 아이에 대한 사랑이라고 여기고 엄청

나세 먹어댈 것이다. 이제 아내의 몸은 자동 비행 중인 비행기라고 할 수 있다. 자연스러운 현상이니 너무 걱정할 필요가 없다는 얘기다.

◇ 아내의 외모 변화에 익숙해져라

아내의 모든 것이 변할 것이다. 머리카락은 더 두꺼워지고 윤기가 사라질 것이며, 얼굴은 더 둥그스름해질 거고, 입술은 붓고, 엉덩이는 커지며, 성기는 두툼해지면서도 색이 짙어질 것이다. 이는 청춘 시절 이후 아내가 겪는 가장 큰 변화로, 그녀는 거울을 볼 때마다 이 사실을 상기할 것이다. 물론 이런 변화는 일시적이지만 아내는 이를 잘 받아들이지 못한다. 다시 몸무게가 빠질까? 가슴은 안 빠졌으면 좋겠는데. 엉덩이가 계속 처져 있으면 어떡하지? 뱃살이 트면 어쩌지? 남편은 알면서도 모른 척하는 걸까? 그러면 이제부터는 남편의 말은 믿을 수가 없을 텐데. 당신의 아내는 한밤중에 자다가, 혹은 외출을 위해 화장을 하다가도 이런 쓸데없는 걱정을 하게 될 거다.

이때 당신이 아내에게 해줄 수 있는 일은 자주 그리고 현실적으로 칭찬하는 것이다. 대부분의 여자는 자신이 예뻐 보일 때와 아닐 때를 잘 구분한다. 문제는 어떤 임신부는 자신이 항상 이상하다고 생각한다는 점이다. 당신의 아내가 그러지 않으려면 무엇보다 당신의 역할이 중요하다.

허리 라인이 사라지기 시작하면서 아내는 고민에 빠지기 시작할 것이다. 더 이상 남자에게 매력적이지 못하면서 그렇다고 확실히 임신부처럼 보이지도 않기 때문이다. 아무리 당신이 충분히 섹시하다고 말해도 아내는 그 말을 믿지 않을 것이다. 차라리 등 뒤로 다가가 목에 키스를 하거나 아내를 자극할 만한 행동을 취하라. 행동으로 증명하는 게 더 좋을 때가 있다.

◇ 아내의 가슴이 커질 것이다!

어느 순간 당신의 아내는 거울 앞에서 시선을 가슴에 고정시킨 채, 손으로 크기를 재보고 있을 것이다. 아내가 "어떻게 생각해?"라고 물으면 아마 당신은 "당신 생각에는?"이라고 되묻게 될 것이다. 어떻게 대답해야 할지 모를 테니까.

만일 아내가 항상 가슴이 조금 더 컸으면 하고 바라왔다면 신나서 춤이라도 춰야 정상이겠지만, 불행한 사실은 일시적이라는 점이다. 따라서 당신은 절대로, 커진 가슴 때문에 더 흥분된다고 말하면 안 된다. 당신의 성기가 일시적으로 조금 커졌는데, 아내가 그래서 섹스가 더 황홀했다고 말하면 당신 기분은 어떻겠는가? 그렇다고 아내가 "뭐 괜찮긴 한데, 원래 크기였을 때가 더 좋았어."라고 말한다면?

물론 아내가 자신의 커진 가슴에 만족해한다면 함께 기뻐해줘라. 몸에 꼭 붙는 탑을 선물해 실컷 자랑할 수 있게 해주는 것도 방법이다. 반대로 아내가 항상 가슴이 너무 커서 운동할 때 불편하고, 남자들이 다 내 가슴만 보는 것 같아 싫고, 뭔가 건강해 보이지 않는다고 여겨왔다면, 더욱 우울해하고 있을 것이다. 그럴 땐 괜찮다고, 임신 중에 생기는 자연스러운 변화라고 위로해줘라.

◇ 아내는 당신에게 이것저것 졸라댈 것이다

내 친구 조너선은 아내가 외식할 때마다 술의 유혹을 강하게 받아서, 결국 자기가 먼저 끊게 됐다고 말했다. 얘기를 하자면 이렇다. 어느 날 밤 그의 아내가 와인 한 병을 주문하자고 졸라댔다고 한다.

"그냥 당신이 마시는 걸 보고 싶어, 그게 다야."

말도 안 되는 것 같긴 했지만 조너선은 그렇게 했다. 그랬더니 그의 아내는 "내 잔에 아주 조금만 따라놓으면 어떨까?"라고 물었다. 조너선은 내키진 않았지만 동의했다. 하지만 아내는 계속해서 조금 더 따라달라고 졸랐고 결국 조너선은 이렇게 말해야만 했다.

"나를 정말 나쁜 사람 만들지 마. 그냥 산부인과 의사한테 가서 허락을 맡지 그래?"

◇ 아내에겐 당신이 모르는 비밀이 있다

당신은 모르겠지만 아마 당신 아내는 친구들에게 이렇게 말하고 다닐 것이다.

"나 요즘 완전히 이상해. 몸이 불타는 것처럼 계속 흥분돼!"

내 주변에 있는 여성 대부분은 임신 중반기에 이렇게 말하고 다녔다.

그러고는 이렇게 말을 이어갔다.

"문제는 내 남편이 전혀 모르고 있다는 사실이야. 아예 덤비지도 않는다니까?"

이 말이 내포하는 진짜 의미는? '나나 그이나, 둘 다 불행한 거지 뭐.'

바보처럼 아내가 도를 닦으며 절제하도록 내버려두지 말라. 아내가 홍조 띤 얼굴에 눈이 빛나고 의미심장한 시선을 보낸다면, 지금 하고 있는 일을 당장 멈추고 바로 아내에게 달려가도록 하라.

◇ 아내가 코를 골면 적극적으로 대처하라

평소 세상에서 가장 고요하게 잠자던 내 아내는 임신 초기부터 출산 때까지 코를 심하게 골았다(출산하는 것만큼 확실한 해결책은 없다). 아내의 코골이는 한밤중이면 절정에 달했고, 심지어는 잠자지 않고 그냥 숨을 쉴 때조차 이상한 소리가 났다. 아내는 코를 푸느라 휴지 한 통을 금세 비우곤 했다.

아내가 임신 중에 심하게 코를 곤다면, 잠에 방해가 되지 않도록 조치를 취해야 한다. 아내뿐 아니라 당신을 위해서도 필요하다. 혼자 거실 소파에서 잠을 청하기보다는, 아내에게 베개를 하나 더 줘서 머리 위치를 조성해보는 것이 좋다.

아니면 귀마개를 두 세트 준비해 하나는 당신이 쓰고, 다른 하나는 아내에게 주도록 하라(실제로 내 아내는 자기가 코 고는 소리에 놀라 잠에서 깨기도 했다). 의사가 처방해주지 않는 한 약은 쓰지 않는 편이 좋다. 겨울이라면 침실에 가습기를 둬보자. 아내가 숨쉬기에 한결 편할 것이다.

◇ 지저분한 얘기에 익숙해져라

임신을 하게 되면 자신의 몸에 일어나는 생리적인 변화에 놀라게 마련이다. 어쩌면 아내는 코를 푼 다음 그 안에 뭐가 들었는지 자세히 설명해주려 들지 모른다. 출산 후엔 아기 기저귀에 묻은 것들에 대한 얘기로 발전하게 된다. 예전에 아내와 나누던 고상하고 아름다운 얘기들은 잠시 접어둬야 할 것이다. 아마 당신은 아내의 말을 들으면서, 무사히 출산만 하면 이런 얘기는 절대로 하지 않을 거라고 생각하게 될 것이다. 하지만 아이를 키우다 보면 스스로도 놀랄 만큼 빨리 적응해나갈 것이다.

생각을 바꾸자. 가끔씩 아내를 꼭 껴안아주고, 예전에 서로 예의를 차리느라 얼마나 고상했는지 함께 웃으면서 얘기해보라. 마주하고 있을 때 서로 방귀도 못 뀌던 시절이 있지 않았는가? 아내가 싱크대에서 설거지를 할 때 몰래 화장실로 달려가 일을 보던 그 시절 말이다. 그렇다고 우울해하지는 말라. 당신만 그런 게 아니니까. 이제 서로 간에 예절이라는 건 사라졌다 하더라도, 때가 되면 서로를 더 깊게 탐닉하게 될 것이다.

◇ 비이성적인 얘기에도 익숙해져라

임신한 여성은 비이성적인 생각을 하기도 한다. 어디까지나 임신으로 인한 신체 변화 중 하나다. 신기한 건 남편도 그럴 수 있다는 점이다. 임신한 아내를 둔 당신은 어릴 때 가졌던 비현실적인 생각들을 다시 떠올리게 될지 모른다.

한번은 아내와 뉴욕 거리를 걷고 있었는데, 길가에 부서진 의자며 소파들이 버려진 채로 내팽개쳐져 있는 것이 눈에 띄었다. 그 순간 어린 시절에 '세상은 왜 이런 쓰레기들을 대형 플라스틱 통 안에 담아서 우주로 발사해버리지 않지?'라고 생각했던 게 떠올랐다. 나는 어릴 적 가졌던 그 생각이 정말 말이 되는 것처럼 느껴졌다.

많은 책들이 임신한 여성의 호르몬 이상 분비로 인한 비정상적인 행태에 대해서 설명하고 있다. 하지만 임신부의 남편들에 대한 얘기는 별로 없다. 분명한 건, 우리 남편들도 정말 이상해질 수 있다는 사실이다!

문제는 둘 다 비이성적인 임신부 부부가 함께 다니게 되면, 정말 이상한 생각도 지극히 정상적으로 느껴질 수 있다는 점이다. 따라서 큰일을 치르기 전에는 꼭 두 번은 생각해보기를 권한다.

임신한 아내가 남편에게 던지는 10가지 질문과 해답

1 "엉덩이가 커지는 것 같지?" "아니."

2 "나 아직 섹시해?" "당연하지."

3 "안 생기려고 소리 냈었다는 그 간호사만큼 나도 매력적이야?"
"훨씬 더."

4 "임신하고 나서 하는 섹스보다 예전만큼 좋아?" "그럼."

5 "임신하고 나서 하는 섹스가 예전보다 좋아?" "그럼."

6 "이제 내 가슴이 당신 것만이 아니라는 게 속상해?" "아니."

7 "출산 후에 내 살 입구가 벌어질 것 같아서 불안해?"
"말도 안 되는 소리."

8 "나도 딴 엄마들 같아 보여?"
"전혀 아니지. 당신은 아직도 어려 보여!"

9 "내 가슴이 출산 후에 다시 작아질까 걱정돼?" "말도 안 되는 소리."

10 "나만 모든 관심을 받는 것 같아서 속상해?" "전혀 아니지!"

좋은 아빠가
되기 위한 마음 습관

◇ 과속하고 있지는 않은가? 속도를 늦춰라

몇 달 전을 생각해보라. 아내와 아이를 지켜주겠다고 약속하지 않았는가?

예비 아빠들이 오토바이를 처분하거나 번지 점프나 행글라이딩을 그만뒀다는 얘기를 들은 적이 있다. 그들도 그만두는 게 쉽지는 않았을 것이다. 결론적으로 말하겠다. 위험이 적고, 가족과 함께할 수 있는 무언가를 찾아라. 4륜 구동차를 사서 4인용 텐트(모기장이 꼭 있어야 한다)를 싣고 길을 나서보자. 모험을 하지 말라는 것이 아니라, 가족과 함께할 수 있는 것으로 형태를 바꿔야 한다는 뜻이다.

쉬운 일은 아니다. 남자로서의 정체성을 지속하면서도 한 가정을 책임진다는 것이 말이다. 당신이 그만둘 용의가 있는 것들(칭찬을 받기 위해서라도)과 포기할 수 없는 것들(당신의 정체성을 유지하기 위한)을 아내와 상의해보자. 에베레스트 등반 같은 계획은 당분간은 접어야 할 거다. 하지만 그만두라는 게 아니다. 다른 형태를 찾아라.

◇ 당신의 일이 늘어날 것이다

하지만 그 일들을 잘 적어놓지 않으면 까먹을 것이다. '예전에는 어떻게 그렇게도 기억력이 좋았을까?' 하는 생각이 들 정도다. 어쩌면 주민번호나 비밀번호, 혹은 어머니의 생신을 잊어버리는 경우도 발생할지 모른다. 전화기 옆에 메모장을 비치해두고, 항상 휴대전화나 수첩에 기록하는 습관을 갖도록 하자. 아내에게 등 떠밀던 습관을 조금씩 고쳐보란 소리다.

서류 정리는 직접 하라. 세금 고지서나 보험 등 각종 중요한 서류를 보관할 아코디언 파일을 구입해 정리해보자. 적어도 아내가 직접 하고 싶어 하지 않는 이상, 절대 아내에게 미루지 말라.

예전에는 직접 결정하길 좋아하던 아내도, 지금은 이런저런 부담으로 인해 당신이 결정을 내려주길 내심 원할 것이다. 특히 아버지로서의 듬직한 모습을 기대할 것이다. 우유부단하지 말고 매사에 단호하게 행동하라.

◇ 아내만 관심받는 것에 소외감을 느끼지 말라

예를 들어 파티라도 가게 되면, 모든 친구들이 아내 주위로 몰려들어 임신한 모습이 얼마나 멋져 보이는지를 떠들 것이다. 아이를 갖는 것에 있어 당신 역시 동등한 주연급이라고 해도, 이런 상황에서는 조연 배우로 남을 확률이 높다. 조금 서운하겠지만 긍정적으로 받아들이자. 아내가 당신을 매우 소중한 사람이자 좋은 남편으로 여기고 있다는 사실만 기억하면 된다.

◇ 아내가 임신한 동안 당신도 무언가를 해보라

아이가 아내 배 속에 머문다는 사실에 질투하지 말라. 여자에게 있어 임신은 9개월간의 특별한 모험이자 자연의 신비를 느끼는 기간이며, 몸

안에서 또 하나의 생명을 키워가는 소중한 경험이다. 더구나 대다수의 사람이 임신부를 배려하고 환영하며 아껴준다. 전혀 모르는 사람조차 길 안내를 해주는 등 도움을 제공하고 용기를 북돋워준다. 그만큼 임신부는 우리 사회의 아주 소중한 존재다.

이렇듯 아내가 개인적으로도 사회적으로도 특별한 경험을 하는 것과 달리, 당신의 삶은(더군다나 당신이 35살을 넘겼다면) 아마 지루하기 짝이 없을 것이다. 그렇다면 당신은 어떻게 이런 특별한 경험을 할 수 있을까?

아내가 자신만의 도전을 하고 있는 동안, 당신도 자신의 능력을 키워보라. 9개월의 임신 기간 동안 실현할 수 있는 프로젝트 하나를 선택하라. 항상 꿈꾸던 숲속 오두막을 지어보거나 동료들과 밴드를 만들어 연주를 해보면 어떨까. 직접 보트를 만들어본다거나 담장에 페인트를 칠해보는 것도 괜찮다. 정원을 가꾸거나 이탈리아 음식, 태국 음식을 연구해보는 것도 좋을 것이다. 생각나는 프로젝트가 없다면? 야간 학교나 학원의 카탈로그를 뒤져보면 분명 마음에 드는 것을 찾을 수 있을 것이다. 꿈을 꾸라! 어떤 프로젝트든 9개월 안에 무언가 성과를 낼 수 있는 걸 선택하라.

아내와 마지막으로 즐길 수 있는 12가지

1 아주 늦게 일어나서, 깨어 있다가 다시 자는 것 한없는 편안함.

2 일요일에 하루 종일 누워 지내면서 음식을 시켜먹는 것 한때는 한때

3 원하는 영화를 끝까지 보는 것

4 벌거벗은 채로 잠드는, 벌거벗은 채로 부엌에 가서 마시고 싶은 커피를 마시는 것

5 욕하고 야단하고 거칠게 말하는 것

6 바닥이나 부엌에서 시끄러운 섹스를 즐기는 것

7 "영화나 볼까?" 하고 바로 모텔을 나서는 것

8 당신과 아내의 첫날밤

9 친구들에 소설 책을 읽는 동안는 동 하나가 이때 책을 말아먹으라고
는 것이 ...는 것.

10 시작하며 호흡기, 이유식을 빼놓고 살을 보는 것.

11 ... 아내 자리 서는 장래파인과 ...지 ... 구입처의 ....

12 놀아서 해외여행을 하는 것.

◇ 아들이건 딸이건 상관하지 말라

물론 각자 선호하는 성이 있을 수 있다. 남자들은 내심 아들을 원하고 여자들은 딸을 원한다는 얘기도 있다. 아들이 생기면 함께 야구 게임을 하는 영화 속 장면이 떠오르겠지만, 딸이라고 못할 건 또 뭔가? 아내는 어린 시절 인형 놀이를 하던 기억을 떠올리며 딸의 모습을 상상하겠지만, 요즘은 아들도 인형 놀이를 한다. 아들에게 성姓을 물려준다지만 혹시 또 아는가? 딸이 자란 뒤 자기 자식에게 자신의 성도 함께 붙이자고

주장할지? 또 뭐가 있을까? 가업? 걱정 말라. 딸이라 하더라도 능력만 있다면 얼마든지 사업을 물려줄 수 있다.

첫아이를 가졌을 때 내가 아들을 원했는지 딸을 원했는지는 아직도 잘 모르겠다. 어쩌면 아내가 임신 기간 내내 아이가 나를 닮아 청바지에 티셔츠를 입고 모자를 눌러쓴 귀여운 모습으로 롤러브레이드를 탈 거라고 하도 얘기를 해서, 무의식적으로 아들일 거라고 상상했는지도 모르겠다. 길에서 만나는 할머니들마다 아내의 배를 보고 "저건 아들 배야."라고 말해 그 믿음이 확고해졌는지도 모른다. 그럼에도 불구하고 딸아이가 태어나자마자 나는 아이와 깊은 사랑에 빠져버렸다.

자, 이제 정말 솔직해지자. 첫아이가 딸이라면 둘째는 분명 아들을 원할 것이다. 그렇지 않은가? 딸 하나, 아들 하나면 딱 좋지 않겠는가? 하지만 내 친구 론은 첫아이를 가졌을 때 내심 아들을 원했지만 딸을 얻었다. 그리고 자신이 항상 여자들과 더 관계가 좋았다는 사실을 떠올리며 둘째도 딸을 원하게 되었다.

아빠로서의 한 가지 원칙, 스스로 어떻게 변할지는 아무도 모른다. 출산 때까지 아이의 성별을 알고 싶지 않다면, '배 속 아가의 성별을 알려주지 마세요!'라고 적힌 태그를 목에 걸고 다니도록 하라. 특히 의사나 간호사, 병원 직원 근처에서는 꼭 태그를 걸고 다녀라.

우리 얘기를 하자면 이렇다. 첫아이를 가졌을 때, 아내의 의사는 차트에 아이의 성별을 우리에게 알려주지 말라고 적어두었다. 우리 부부가 알고 싶어 하지 않았기 때문에, 모든 간호사와 직원들에게 이 사실을 알렸다. 덕분에 9개월간 우리는 아이의 성별을 모른 채로 지낼 수 있었다. 그러다 출산이 2주 정도 지연되는 동안 초음파 검사를 하게 되었다. 늘 그랬듯 우리는 간호사들이 들어오자마자 성별을 알려주지 말도록 당부했고, 또 늘 그랬듯 간호사는 미소를 지었다. 검사실에서 나가기 일보 직전, 나는 "그럼 아이가 빨리 나오게 하려면 어떻게 해야 하죠?"라고 물었다. 그러자 간호사는 "여자아이니까 한 발을 들고 시계 반대 방향으로 폴짝폴짝 뛰어보세요."라고 대답했다. 순간 우리는 큰 충격을 받았다. 아내와 나는 서로를 쳐다보며 할 말을 잃었다.

"제가 뭘 잘못했나요?"

간호사가 물었고, 나는 즉시 이렇게 말했다.

"그냥 농담해본 거죠?"

간호사는 "아, 당연히 농담이죠. 제가 어떻게 알겠어요?"라고 답했다. 간호사는 재차 그냥 농담해본 거라고 말했다. 하지만 우리 부부는 그의 말이 사실임을 알아버렸다.

하지만 옷가지와 인형, 장난감 등을 준비하려면 미리 알아야 할 수도 있다. 내 친구 엘리자베스는 자기 배 속의 아이가 쌍둥이며 아들 하나 딸 하나라는 사실을 알았을 때 그렇게 행복할 수가 없었다고 말했다.

알고 싶다면 알아보라. 하지만 알고 싶지 않다면, 실수로 알게 되는 경우는 없어야 한다. 둘째를 가졌을 때 우리 부부는 둘 다 '배 속 아가의 성별을 알려주지 마세요!'라는 태그를 항상 목에 두르고 다녔고, 분만실에서 "아들입니다!"라는 말을 들었을 때 정말로 행복했다.

이런 경우도 있다. 한쪽은 아이의 성별을 궁금해하고 다른 쪽은 모르고 싶어 한다면? 내 친구 로버트는 모르고 싶어 했고, 그의 아내 바티나는 알고 싶어 했다. 로버트는 미신을 믿었고 '혹시라도 나쁜 일이 생기면 어떡하나?'라는 이유로 알고 싶어 하지 않았다. 바티나는 의사에게 전화를 걸어 아들임을 알았지만 로버트에게 말하지 않았다. 바티나는 여아용 물건을 파는 판촉 전화를 받을 때마다 목소리를 낮추고는 아들이라고 속삭여야만 했다. 결국 그렇게 아이를 출산하게 되었고, 로버트는 자기가 원하던 대로 깜짝 선물을 얻게 되었다.

◇ 유서를 써라

농담이 아니다. 이미 유서가 있다 해도 아이에 대한 내용이 없거나 부족할 것이다. 혹시라도 당신이나 아내에게 무슨 일이 생기면, 게다가 친척이 없다면, 법원이 당신의 재산을 관리하고 아이는 후견인에게 맡겨질 것이다. 이런 방식이 마음에 들지 않는다 해도 어쩔 수 없다.

내용을 바꿀 수 있을 때, 바로 유서에 반영하는 것이 좋다. 부모로서 가장 어려운 일 중 하나는 바로 후견인을 선택하는 것이다.

아내와 나는 이 부분에서 상당히 고민했다. 누군들 우리만큼 내 자식을 사랑해주겠는가? 부모님은 너무 늙었고 다른 형제들은 모두 자녀가 없었다. 게다가 모두 멀리 살았다. 친구도 생각해봤지만 왠지 내키지 않았다. 결과적으로 우리는 친척을 선택할 수밖에 없었다.

후견은 막중한 책임이 따르는 일이다. 그만큼 누군가를 후견인으로 생각한다면, 그들 스스로 쉽게 결정하지 않도록 해야 한다. 불의의 사고가 발생했을 때, 후견인의 인생이 완전히 달라질 수 있기 때문이다. 내 친구 부부는 다른 부부와 주말 브런치를 함께 먹다가 그들 자녀의 후견인이 되기로 했다. 아마 그 자리의 어느 누구도 그런 일이 생기리라고 예상도 못 했겠지만, 불행히도 생기고 말았다. 이후로 내 친구는 당시 자신이 성급했다며 하소연했다. 자식들을 다 키워 대학에 보내놓고는, 이제 또다시 아이 둘을 키워야 하게 생겼으니 말이다. 하지만 복잡하더라도 이 일만큼은 미루지 말라. 지금 꼭 해결해야 할 문제다.

행복한 부부 생활을 원한다면

◇ 섹시한 시간들을 즐기되, 방향은 잃지 말라

아침마다 아내를 괴롭히던 임신 초기의 메스꺼움은 사라질 것이다 (물론 사람마다 조금 차이는 있다). 이제 아내는 성기와 유방이 단단해져 길을 걸으면서 오르가슴을 느낄 수도 있다. 어쩌면 당신은 아내가 걸음을 멈추고는 난간을 잡고 눈을 지그시 감은 채 혀로 입술을 한번 적시고는 또 다시 걸음을 떼는 것을 목격할 수도 있다(이건 그냥 농담). 하지만 정말로 단지 방 안을 걷는 것만으로도 성욕이 샘솟을 수 있다. 아내의 넘쳐나는 성욕에 아마 당신은 "여기가 천국인가?" 하며 감탄하게 될 것이다.

　이제 임신 중반이다. 임신 초기에 조심스럽기만 하던 성생활이 훨씬 자유로워지는 반면, 또 다른 난관들이 기다리고 있다는 뜻이다. 쾌락의 나락에서 당신은 오히려 정신이 바짝 들 것이다. 하지만 지금까지 그래왔듯 앞을 주시하면서 한 걸음 한 걸음 내딛으면 된다. 즐길 땐 즐기자. 다만 가끔씩 멈춰 서서 맞는 방향인가 생각해보라. 당신은 충분히 잘해낼 것이다.

◇ 아내의 기분을 망치는 꼭 붙는 옷은 일단 치워라

　아내의 배가 나오기 시작하면 함께 옷장을 정리하라. 아내의 옷장에 뭐가 들어 있는지 관심조차 없던 당신이라면, 이번 기회에 아내에게 감동을 줄 수 있다. 이때 꼭 붙는 청바지나 재킷, 셔츠나 스웨터, 벨트나 브래지어는 다른 곳으로 치워버리자고 말하라. 안 보면 마음도 편해지는 법. 출산 후에 이 옷들을 다시 꺼냈을 때는 정겨운 옛 친구를 만난 것처럼 반가울 것이다.

　이제는 옷장을 채울 차례다. 당신이 입는 큰 셔츠나 스웨터 등을 챙겨 아내가 입도록 해줘라. 나는 아내가 내 오래된 야구 티셔츠를 입고 모자를 거꾸로 쓴 모습을 보고 너무 귀여워서 혼났다. 조급해하지 않을 자신이 있다면 함께 쇼핑을 가는 것도 좋다. 로맨틱하게 카페에 들러 점심을 먹고 아내가 얼마나 아름다운지 꼭 말해주도록 하라.

아마 옷장의 대부분은 레깅스로 가득 찰 것이다. 허리 부분이 잘 늘어나는 레깅스는 생각보다 색이 다양하고, 큰 티셔츠나 스웨터 또는 스포츠 재킷과 잘 어울린다. 임부복은 되도록 피하는 것이 좋다(이런 옷들은 대부분 6개월짜리 아기 옷처럼 디자인이 유치하다). 단, 아내가 레깅스를 입을 때 어떤 옷이 잘 어울리고 안 어울리는지 솔직히 말해줘라. 티셔츠를 레깅스 안으로 구겨 넣은 모습은 그다지 예뻐 보이지 않을 것이다.

◇ 아내가 출산 교실에 당신을 함께 등록해도 불평하지 말라

산부인과나 지역별 문화센터에서 부부가 함께하는 출산 교실이 늘고 있다. 만일 아내가 출산 교실에 당신 이름까지 올렸다면 싫다고 하지 말고 적극 참여하라. 달력에 표시해두고 가급적 빠지지 않도록 한다. 병원으로 출발할 때를 알려주는 증상, 순산을 돕는 남편의 마사지법, 출산 전후로 남편이 해야 할 일 등 당신의 역할을 수행하는 데 큰 도움이 될 것이다(어떤 병원은 이런 수업을 듣지 않은 아버지에게 수술실 출입을 제한하기도 한다).

◇ 좋은 섹스를 위한 조언

이제 매일 반복되는 일상과 임신에 대한 각종 걱정으로부터 벗어날 수 있는 이벤트가 필요하다. 촛불을 켜고 휴대전화는 잠시 꺼두자. 만일 아내가 "혹시라도 친정 엄마나 의사에게 전화가 오면 어떡해?"라고 물으면, 그런 얘기는 지금부터 금지라고 웃으며 말하라.

당신도 마찬가지다. 직장 일이나 현실에 대한 얘기는 잠시 접어둬라. 가장 중요한 것은 그 순간에 집중하는 것이다. 임신조차 잠시 잊어버려라.

단, 아내의 몸이 더 예민해져 있다는 사실은 기억하자. 예전처럼 가

슴을 세게 물거나 거칠게 다루는 행위는 삼가고 최대한 부드럽게 애무하라. 예전에 즐기던 체위 역시 안 된다. 똑바로 누울 경우 배 속 아기가 동맥을 압박해 아내가 불편해할뿐더러 당신도 충분히 삽입하기 어렵다. 둘 다 편한 체위를 연구하기를 권한다. 뒤로 하는 자세가 좋을 수도 있지만, 초반부터 너무 깊이 삽입하기보다는 아내의 반응을 살피면서 조금씩 강도를 높인다. 추천하는 체위는 둘 다 옆으로 누운 채로, 당신이 뒤에서 하는 방식이다.

실험을 두려워하지 말라. 당신이 의자에 앉은 다음 아내가 당신 몸 위에서 리드하게 하면 어떨까(단, 의자가 튼튼해야 한다). 어떤 산파는 많은 체위 중에서도 여자가 가장 편안하다며 커다란 고무공을 추천하기도 했다.

◇ 아내에게 해먹을 선물한다면

우선은 아내의 커져가는 몸을 받쳐줄 것이고, 좌우로 움직여 아내와 아기 모두를 편안하게 쉬게 해줄 것이다. 어쩌면 아내는 침대보다 온몸을 꼭 감싸주는 해먹을 더 좋아할지 모른다. 실내에 설치하면 아마 그 안에서 빠져나올 줄 모를 것이다. 큰 사이즈 제품을 구입하면 아내와 함께 누울 수도 있다. 몇 개월 후 출산하게 되면 아기를 재울 때 써도 된다. 무엇보다도, 사진 찍기에 좋다.

◇ 책을 읽어줘라

평소 당신이 책을 그다지 좋아하지 않는다면 진지한 철학 서적을 읽어줄 필요는 없다(아내는 당신이 오버한다고 생각할 수도 있다). 아내가 좋아하는 소설책의 한 문단 정도가 어떨까? 어떤 여성은 그냥 누가 책 읽어주는 것을 좋아한다. 누가 아는가? 그다음에 무슨 일이 기다리고 있을지.

◇ 아내의 몸매가 아름답다고 생각하라

만약 아내의 볼록한 몸매에서 풍겨 나오는 광채를 느끼지 못하고, 아내의 풍만한 곡선이 섹시하다고 느끼지 못한다면 당신에게 문제가 있는 것이다. 스스로를 세뇌시켜라. 그리고 아내에게 패션 잡지에 나오는 17살짜리 어린 모델들은 내 취향이 아니라고 말해줘라. 아내의 기분이 한결 좋아질 것이다. 둘이서 미술관에라도 가게 된다면, 왜 화가들이 붓으로 여성의 나체를 그렸는지 이제 알 것 같다고 말해보는 것도 좋다.

임신한 아내가 남편은 절대 이해 못 한다고 생각하는 10가지

1 자신이 얼마나 뚱뚱하다고 느끼는지.

2 자신이 얼마나 피곤한지.

3 자신을 생식을 위한 축물로 취급하던 그때가 얼마나 그리운지.

4 얼마나 빨리 배가 고파지는지. 그리고는 허기가 얼마나 순식간에 사라지는지. 특히 이후에 얼마나 후회가 되는지.

5 출산이 얼마나 무서운지.

6 아이가 발로 차거나 혹은 꼼짝 않고 있을 때마다 얼마나 불안한지.

7 아무리 잠시적이라도 몸매가 변한다는 게 얼마나 낯설게 느껴지는지.

8 임신으로 인해 친정 엄마와의 관계가 어떻게 달라지는지.

9 커피, 와인, 담배를 그만두기가 얼마나 어려운지.

10 섹시한 이성이 몸에 꼭 맞는 옷을 입은 걸 보면 얼마나 부러운지.

100점짜리
남편이 되는 법

◇ **당신의 보호 본능을 극대화하라** (아내가 정말 좋아한다)

한번은 아내와 록 페스티벌에 가게 되었는데, 배 속 아기가 걱정되었다. 베개 몇 개를 챙겨 가서는 (보안 요원들은 낄낄대며 웃었지만) 아내 배에 대고 고막이 찢어져라 울려대는 음악 소리를 조금이라도 줄여주려고 했다. 베개를 아내 배에 댄 채 뒤에서 양 팔로 감싸 안고 있는 모습은 남들 눈에 전형적인 근심 가득한 아버지로 비쳤을 것이다. 남의 눈에 어떻게 비치든 내게 중요한 건 이전 노래와 다음 노래가 구분이 안 될 만큼 음악 소리가 너무 크다는 것이었다.

열광하는 팬들을 지켜보자니 왠지 우리가 이곳에 어울리지 않는 사람들 같았다. 나는 가까이 다가오는 사람은 모두 밀쳐냈다. 마치 퇴근 시간에 아내와 함께 만원 지하철을 타고 가는 것만큼이나 힘겨웠다. 결국 우리는 그곳을 빠져나왔다. 베개를 아내 배에 댄 채 뒤에서 아내를 꼭 껴안고 발맞춰 걸으며 말이다. 아, 얼마나 임신한 부부다운 모습인가!

◇ 항상 차 안에 큰 종이컵을 구비해둬라

아내는 시시때때로 차 안에서 이렇게 말할 것이다.

"좀 세워 봐. 소변 좀 봐야겠어."

도로가 울퉁불퉁해서일까? 아니면 닫힌 공간이라서? 아니면 태아의 신체 순환을 돕기 위한 자연스런 현상일까? 어찌 됐든 번잡한 시내 차도 위에서 화장실을 찾는다는 건 쉬운 일이 아니다. 게다가 대부분 잠겨 있다.

임신한 아내가 소변을 봐야 할 적정 시기는 바로 지금이다(10분, 아니 5분도 참기 힘들다). 아내가 소변이 마렵다고 하면 일단 차 세울 곳을 찾고, 서둘러 큰 종이컵에 소변을 볼 수 있도록 하라.

자동차 여행을 할 때 지켜야 할 6가지 원칙

1 아내가 두 시간마다 휴식을 취할 수 있게 한다. 스트레칭이나 걷기 등으로 혈액순환에 이상이 없도록.

2 기름은 항상 절반 이상 채워두라. 만일에 대비해.

3 레스토랑이 드문 곳은 많으므로 음식은 직접 준비한다.

4 이유 있게 여행하라. 지금은 시간에 맞춰 정확히 움직일 수 있는 때가 아니다.

5 아내가 내비게이션을 봐주길 기대하지 말라. 특히 아직도 메스꺼움을 호소한다면.

6 아내는 자게 해준다. 당신이 졸릴 때는 차를 잠시 세우고 눈을 붙여라.

의사가 허락했다면 이 시기야말로 비행기로 여행하기에 가장 적합하다. 단, 난기류가 심하지 않을 경우에 한해서 말이다. 기상청에서 폭풍우가 온다고 하면 가지 말라. 다시 한번 말하지만, 가지 말라! 항공사에 전화해 날씨가 좋아질 때까지 출발을 늦춰라. 낙관적으로 얘기하는 항공사 직원 말에 넘어가지 말라. 그들의 목적은 당신 부부를 비행기에 태우는 것이다.

임신 중반기에 우리 부부는 마이애미에서 뉴욕으로 향하는 비행기를 탔다. 바람이 많이 불고 천둥번개가 치던 날이었다. 비행기는 거의 네 시간을 무슨 놀이기구인 양 흔들렸고, 내 보호 본능은 극한으로 치달았다. 낙하산이 있다면 둘이 함께 뛰어내리는 한이 있더라도 아내를 안전한 곳으로 보내고 싶었다. 나는 아내의 배를 잡고 아기에게 안심하라고 얘기하면서 기도하는 한편, 승무원을 불러 당장 비행기를 가장 가까운 공항에 착륙시키거나 구름 위로 빨리 이동시키라고 소리쳤다.

나로 인해 주변 사람 모두가 거의 미치기 일보직전이었다. 비행기에서 내렸을 때 아내는 내게 고마워했지만, 다시는 기상 정보를 확인하지 않고 여행하지 말자고 신신당부했다. 당신은 이런 일을 처음부터 만들지 않았으면 한다.

파도가 넘실대는 바다 말고, 수영장이나 스파 같은 곳이 좋다. 배 속의 아기가 매우 좋아할 것이다. 그곳에서 아내는 운동을 할 수도 있다. 또한 아내에게 수영복이 얼마나 잘 어울리는지 알려줄 수 있으며 기념사진을 찍기에도 좋다.

아내가 기어이 혼자 또는 친구와 가겠다고 하지 않는 한 그래야 한다. 양수천자 검사는 거대한 바늘을 배에 찔러 자궁까지 삽입한 다음, 양수를 추출해 유전자 정보를 파악하는 검사다. 이 검사는 아내에게나 남편에게나 꽤나 공포스럽다. 무엇보다 바늘 때문에 아기가 다치지나 않을까 하는 걱정이 앞설 것이다. 어쩌면 당신은 바늘을 보자마자 기절할 듯 놀랄지 모른다. 게다가 아내가 몹시 아파해도 당신이 할 수 있는 건 아무것도 없다.

기형 유무를 예측할 수 있는 중요한 검사이긴 하지만, 검사 과정이 별로 기분 좋을 리 없다. 젊고 건강한 임신부라면 생략하기도 하지만, 만일 하게 된다면 일단 내 경험부터 들어보라.

나는 양수천자 검사에 대해 들어본 적도 없었다. 알게 된 건 아내가 언젠가 지나가는 얘기로 말해준 뒤였다.

"뭘 어떻게 한다고?"

아내에게 물었다.

"배 속으로 바늘을 넣는다고? 아기 근처로?"

이 검사는 내 보호 본능을 극도로 달궈놓았지만 아내는 그저 "의사가 자세히 설명해줄 거야."라고 대답할 뿐이었다. 속으로 나는 '그 잘난, 냉정하고 모르는 게 없는 의사가 이 무식하고 안달 난, 게다가 의사를 믿지 않는 남편에게 잘도 설명해주겠군.'이라고 생각했다.

의사로부터 지나치게 직설적인 설명을 들은 후 나는 첫째, 자연과 과학 앞에서 나 자신이 무용지물임을 깨달았고 둘째, 스스로 영웅 노릇을 포기했고(나부터가 입술이 파르르 떨리는데 무슨 영웅이 되어 아내를 구해내겠는가?) 셋째, 무서웠고(결과가 좋기만을 바라면서) 넷째, 의사에 대한 신뢰가 더 떨어졌다. 사실 이 모든 일은 한순간에 받아들이기에 벅찼고, 내 몸은 필요한 액션을 취했다. 하늘이 노래지기 시작한 것이다.

"이런……."

어지러움을 느낀 나는 "잠깐 나가서 바람 좀 쐬어야겠어."라고 말했다. 나만의 상상일지 모르지만 순간적으로 의사가 음흉한 미소를 띠는 것 같았다. 밖으로 나와 대기실에서 주위를 둘러보니, 모든 임신부가 나를 쳐다보고 있었다. 그들의 눈에서 이 말을 읽을 수 있었다.

"남자들은 약골이라니까!"

나는 숨을 깊이 들이쉬고는 어깨를 펴고 다시 당당하게 진료실로 들어갔다. 아내는 내 어깨에 손을 올리고는 걱정하지 말라고 말했다. 사실 내가 위안을 받으려던 게 아닌데! 임신이라는 긴 여정 동안 아내를 이끌고 가는 건 나 자신이기를 바랐는데, 이건 뒤에서 종종 따라가는 꼴이 되어버렸다.

검사 당일 날, 아내와 나는 대기실에서 생수병을 만지작거리며 앉아 있었다. 이후, 모든 일들이 한순간에 지나갔다. 아내의 배에 젤을 바르고 초음파 검사를 하더니 순식간에 거대한 바늘이 들어갔다(사실 나는 그 바늘을 로켓 발사대에라도 얹어서 들고 들어올 줄 알았다). 검사가 시작되자 아내는 얼굴을 찌푸리며 내 손을 움켜쥐었다.

'이러다 내가 기절이라도 하면 어쩌지?'

나는 마음을 단단히 먹고 머릿속으로 액션 영화 한 편을 지어냈다. 의사의 손에 쥐어진 바늘을 쿵후 발차기로 차내고는(이얏!), 아내를 팔로 번쩍 들어올려(획!), 아내의 다리를 이용해서 간호사들을 무찌른 다음(영화 속 한 장면처럼), 바늘로 문을 고정시켜 뒤따라오지 못하게 한 후, 복도를 달려 나가 버스를 타고는 안도의 한숨을 쉬는 장면이었다.

'대체 무슨 생각을 하고 있는 거야!'

스스로 반문했다.

그때쯤 의사는 이미 검사를 마치고 양수가 아주 투명해서 괜찮을 거라는 등의 얘기를 했다. 나는 의사와 간호사에게 고마움을 표시하고 아내에게 키스한 후, 손을 잡고는 "어서 여기를 빠져나가자."라고 말했다.

그로부터 2주 후, 좋은 소식이 찾아왔다. 아이는 아무 문제도 없었다.

처음이라 내가 좀 오버했다는 것은 인정한다. 이 검사를 두 번이나 겪은 내 조언은? 첫째, 아내의 손을 꼭 잡아라. 하지만 절대로 배 속으로 들어가는 그 거대한 바늘을 쳐다보지 말라(어떤 일은 그냥 모르는 게 낫다).

둘째, 당신에게 맞는 의자에 앉아라. 검사실에서 제공하는 걸상에 앉지 말라. 바퀴가 달려 있는데다 등받이와 팔걸이도 없다. 게다가 매우 높아 당신이 기절한다면, 아마 최악의 의자가 될 것이다. 근처 다른 방에서 괜찮은 의자를 가져오는 것도 한 방법이다. 당신이 바닥에 머리를 처박지 않아도 될 만한 의자를 말이다.

셋째, 기절하지 않도록 연습하라. 숨을 크게 들이쉬어라. 머리를 무릎 사이에 대고는 말이다. 좋은 생각들을 하라. 내가 종종 떠올리는 장면은 꽤 오래 전 월드시리즈 때 LA 다저스의 커크 깁슨이 날렸던 드라마틱한 홈런이다. 이 홈런엔 용기와 믿음, 결단력 그리고 공포를 이겨내는 힘이 담겨 있었다. 당신에게 필요한 건 바로 이런 가치들이다.

넷째, 아내가 감정적으로 매우 지쳐 있을 테니 오후 시간을 비워두라. 아내는 약하게 마취를 해주기를 원했었다. 고통이 덜할 테니까. 모든 게 끝나면 아내를 꼭 안아주고 집으로 데려와라. 아내에게는 당신의 어깨가 필요하다(당신도 기댈 데가 필요할지 모르지만, 지금은 아니다).

◇ 와인 경보!

    의사들은 보통 양수천자 검사를 마친 임신부에게 긴장한 근육이 풀어지도록 와인 한 잔을 마시라고 권한다. 하지만 한 잔으로 시작한 술이 병째 비워지는 경우도 허다하다(임신기를 통틀어 어느 때보다도 술이 필요한 순간일지 모른다). 와인을 마시게 되거든 새 병을 따지 말고, 남은 술이 많지 않은 와인 병을 가져와라. 아내와 함께 건배를 하고는 맛을 음미하며 천천히 마셔라. 단, 그 잔만 마셔라.

◇ 아내가 자기 몸무게에 절망하는 순간을 눈치채라

어느 순간 아내는 체중 증가를 임신이 가져다주는 아름다운 현상으로 여기지 않을 것이다. 마치 깜깜한 방에서 스위치를 켜듯, 갑자기 생각이 뒤바뀐다. 비상이다! 임신에 대한 환상에서 벗어난 아내는 이제 모든 걸 정확히 보기 시작했다.

정말 열심히 관리하지 않는 한 아내의 몸은 이상하게 변했을 것이다. 아내 입장에서 보자면 이전까지는 존재조차 몰랐던 것들이 갑자기 신경 쓰이기 시작한다. 팔꿈치에 붙어 있는 쭈글쭈글한 피부와 볼 아래에 붙은 작은 살덩이, 팔뚝 뒤와 위쪽 허벅지 등. 아내는 이런 부위들을 당신에게 보여주면서 "여기 정말 이상하지 않아?"라고 물을 것이다. 당신은 이렇게 답해야 한다.

"달라진 게 없는데?"

제일 민감한 부분은 역시 엉덩이다. 한때 탱탱했던 엉덩이가 이제는 아래로 처져 통제 불능처럼 보인다. 아내가 걸을 때마다 엉덩이가 출렁거릴 것이다. 게다가 아내가 자기 엉덩이를 보려고 애쓰는 모습은 정말 웃길 거다.

당신의 역할은 아내를 세뇌하고 가르치는 거다. 모든 게 원래대로 돌아올 것이라는 사실을(정말이냐고? 당신이 돕는다면 얼마든지 가능하다). 한편, 아내에게 잘 어울리는 옷을 골라줘라. 앞서 말했듯 넉넉한 티셔츠에 레깅스가 잘 어울릴 거다. 그리고 집에서 할 수 있는 편안한 운동을 찾아보라 (근육을 당기는 힘든 운동 말고). 이렇게 하면 몸의 변화로 인한 스트레스를 최소화하면서 아내의 자존심을 지켜줄 수 있다.

하지만 당신이 살이 찌고 있는지는 아내에게 묻지 말라. 아내는 자기 잘못이라고 생각하고는 제대로 알려주지 않을 거다. 아마 이렇게 대답할 것이다.

"당신은 살이 쪘는데도 어쩌면 하나도 안 달라 보여?"

"어깨가 더 넓어진 것 같긴 해."

"그 바지 마음에 안 들었는데 잘됐다. 버리자."

당신은 속으로 이렇게 생각할 것이다.

'이 여우 같은…….'

단순하게 생각하라. 적게 먹을수록 좋다. 아내가 잘 먹는다고 당신까지 배불리 먹지 말란 소리다. 아내가 몸 관리를 하듯, 당신 역시 스스로 몸 관리를 해야 한다. 고등학교 시절에 나는 살이 단번에 찐 적이 있었는데, 당시 내 여자 친구가 알려준 다이어트 비법이 있다. 음식을 최대한 작게 나눠 먹는 것이다. 예를 들어 피자는 이런 식으로 먹는다. '피자 한 판을 여덟 개의 작은 조각으로 자른다. 그 뒤 작은 조각을 피자 한 판이라고 이미지 연상을 하면서 아주 천천히 먹는다. 그런 다음 나머지 조각을 하나하나 꼼꼼하게 비닐 포장을 해 보관해둔다.'

비닐을 일일이 벗겨내 한 조각씩 먹느니 안 먹고 말겠다고 생각하게 될 것이다. 수저나 그릇 크기를 줄이는 것도 방법이다. 음식을 작게 소분해 먹든, 용기 자체를 줄이든 적게 먹을 수 있는 자신만의 방법을 개발해보자.

비만을 경고하는 6가지 자각 증상

1 샐러드보다 아이스크림이 더 끌리울 때.

2 아이는 행인 어니 메닝심어 초콜릿 게이크의 마지막 조각을 먹어 치울 때(데식밀멍 아이는 먹 먹도 잘란 때).

3 시츠의 목 단추가 채워지지 않아 넥타이로 고성해야 할 때.

4 위신히 깊은색의 옷을 살 때.

5 터틀넥 옷만 입기 시작할 때(이중터을 가리기 위해).

6 펜트 대신 멜빵을 쓰기 시작할 때(너무 편해!).

아기와
대화를 시작하라

◇ 아기에게 말을 걸어보자

처음엔 스스로가 바보 같을 것이다. 아내는 누워 있고, 당신은 아내의 배꼽에다 대고 얘기를 하고 있다. 그런데 아기가 정말 들을 수 있을까?

들을 수 있다. 정확히 말하자면 당신의 목소리 톤을 알아챌 수 있다. 그러니까 무슨 얘기를 한들 상관없다. '어떤 말을 하느냐'보다는 '어떻게 말하느냐'가 훨씬 더 중요하다. 훗날 아이와 함께 하고 싶은 것들을 하나씩 얘기해보라. 공원을 함께 거닐고, 아이스 스케이트를 타고, 함께 책을 읽고, 베개 싸움부터 시작해 이런저런 놀이를 함께 즐기고……. 무슨 얘기든 좋다.

그리고 아이가 세상에 처음으로 모습을 드러내면, 당신의 목소리는 배 속에서도 듣던, 가장 반갑고도 안심이 되는 목소리가 될 것이다. 모든 걸 떠나 아내는 이 모든 과정을 지켜보면서 당신이 사랑스럽다고 느낄 것이다.

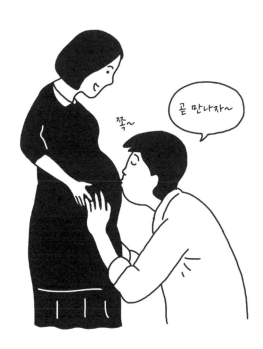

이번이 두 번째 임신이라면 아마 당신 부부 모두에게 아마도 덜 새롭고 덜 신날지 모르겠다. 첫 임신 때는 매번 병원에 같이 다녔더라도, 두 번째부터는 몇 번 빼먹게 될지도 모른다. 아마 당신의 아내는 첫아이를 챙기느라 더 피곤할 것이다(피곤한 건 당신도 매한가지겠지만). 그런 중에 아내에 대한 주변의 관심은 첫 임신 때보다는 확연히 줄어든다. 그걸 지켜보는 당신은 아마 '아니, 친구와 가족들이 이렇게까지 무심할 수 있나?' 하는 생각에 화가 날 수도 있다. 둘째를 임신했을 때 주변으로부터 느끼게 될 소외감은 당신이 채워줘야 한다. 지친 아내를 대신해 배 속 아이에게 더 관심을 기울여라. 짬짬이 아이와 대화를 시도하자. 또한 아내가 배 속의 둘째와 충분히 교감할 수 있도록 큰아이를 데리고 밖으로 나가자. 아내가 쉬면서 둘째와 이야기를 나누는 동안, 당신 역시 큰아이와 단 둘이 보내는 시간을 즐겨보도록 하자.

◇ 태어나지도 않은 아이와 함께하는 꿈을 꿀 것이다

말도 안 되는 얘기 같지만 이런 꿈을 꾼 적이 있다. 꿈은 선명했고 기이했으며 강렬했다. 분명 아이를 만난 것 같은 기분이었다. 친구 폴은 이렇게 털어놓았다.

"꿈에서 아이를 만난 것 같아. 함께 개울을 건너고 비포장도로를 걸어내려 왔어. 일어나자마자 아내에게 우리 아들을 만났다고 말해줬지."

반면 아이에 대한 걱정으로 말미암아 매우 괴로운 꿈을 꿀 수도 있다. 놀이 공원이나 쇼핑몰, 공항에서 아이를 잃어버리는 꿈 또는 해변에 남겨놓고 오는 꿈 등. 당신의 마음은 밤만 되면 제멋대로 나래를 편다는 사실을 기억하라. 걱정이 클수록 꿈에 투영될 가능성도 크다. 하지만 그 꿈으로 인해 스트레스가 해소되는 측면도 있으니, 아무리 무서운 꿈이라도 건강한 꿈인 셈이다.

침대 시트가 땀으로 뒤범벅이 되어 잠에서 깨면, 이제는 아내가 당신을 꼭 껴안고 모든 게 다 잘 될 거라고 말해줄 차례다. 아내가 안아주고 나면 이렇게 말하라.

"우리 아이는 당신 같은 엄마를 두게 돼서 참 복 받았어."

◇ 아내 역시 아이가 나오는 꿈을 꿀 것이다

어떤 꿈들은 매우 달콤할 것이다(내 아내는 서점에서 아이에게 책을 읽어주는 꿈을 꿨다). 하지만 어떤 꿈들은 악몽일 것이다.

임신 중 내 아내는 일평생 최악의 악몽을 꿨다. 아기를 낳았는데 그 아기가 갑자기 사라졌다. 아내는 말 그대로 비명을 지르며 깨어났고, 나는 1시간 가까이 아내를 안아주면서 모든 게 괜찮다고 말해줘야 했다.

만일 당신의 아내가 공포에 휩싸여 깨어난다면 우선 꼭 안아주고 허브티 한 잔을 타준 후, 다시 잠들 때까지 달래줘라. 아내에게 당신의 사랑을 확인시켜주는 건 물론, 아기에게도 훗날 이런 아빠가 되겠노라고 보여주는 셈이다.

◇ 아이에게 필요한 영양제를 챙겨라

임신 중기에 접어들면 태아 성장이 빨라지면서 임신부의 영양소 소모량도 증가한다. 아이가 건강하게 자라길 바란다면 임신 주수에 맞는 비타민을 챙기는 것도 좋은 방법이다. 태어나지 않은 아이에게 주는 첫 번째 선물이 될 수 있다.

특히 필요한 것이 철분이다. 이 시기부터 아이는 본격적으로 혈액을 만들기 시작하며, 이유기까지 쓸 철분을 미리 저장하기 시작한다. 이에 따라 아내의 몸도 철분 요구량이 늘어난다. 엄마가 철분이 부족하면 빈혈로 인해 아이의 성장도 지연되며, 생후 6개월 정도가 되었을 때 유아 빈혈이 발생할 수 있다. 따라서 이 시기부터 출산 후 4개월 정도까지 별도의 철분제를 챙길 필요가 있다. 아내도 이 사실을 알고 있겠지만(이런 내용은 웬만한 임신 관련 책에 상세하게 나와 있다), 아내보다 먼저 철분제를 챙기는 센스를 발휘하자. 나중에 아이에게 "아빠가 엄마 배 속에 있는 너를 위해 영양제까지 선물했었어."라고 말하며 자상하고 믿음직한 아빠의 모습을 보여줄 수도 있다. 갈수록 푸석해지는 아내의 피부를 위해 비타민 C까지 챙긴다면 금상첨화다.

PART 3

임신 후 마지막 세 달

아기방은 한밤중에도 수유를 할 때가 있으므로 너무 멀어서도 안 되고, 부부만의 시간을 가질 수도 있어야 하기 때문에 너무 가까워서도 안 된다. 가장 중요한 것도 잊어선 안 된다. 요람, 아기가 좀 자랐을 때를 위한 유아용 침대…….

배부른 아내를
어떻게 돌봐야 할까

아내가 임신한 동안 당신은 '골반저(괄약근)'라는 단어를 계속 듣게 될 것이다. 당신은 "대체 그게 뭐지?"라며 궁금해할지도 모른다. 골반저는 당신의 아내가 분만하는 동안 아기를 밀어내기 위해 사용하는 근육을 말하는데, 불행히도 이 근육은 출산 후 늘어날 수밖에 없다(제왕절개 수술을 받지 않는 한). 케겔 운동은 그 근육을 강화시켜 출산 후에도 탄력을 잃지 않게 해주는 운동이다. 그리 어렵지도 않다. 소변을 보다가 잠시 멈추는 것과 같은 느낌으로 힘을 주면 되기 때문에 어디서든 할 수 있다. 실제로 아내가 소변을 보는 동안 할 수도 있고, 책상 앞에서 일하거나 운전할 때에도, 당신과 섹스하기 전에 침대에 누워 있을 때에도 할 수 있다.

만약 아내가 "나보고 질 수축 운동을 하라니 말도 안 돼!"라고 한다면, 섹스할 때 남편의 성기를 꽉 조여주는 그 느낌을 잃지 않기 위한 것이라고 말하라. 아내도 그런 느낌을 잃고 싶진 않을 것이다.

◇ 매번 병원에 동행하는 게 지겨운가?

만약 당신이 항상 병원에 함께 간다면, 의사가 매번 아내의 자궁경부가 얼마나 수축되거나 팽창되었는지를 살피는 게 너무 똑같고 지루하다고 느껴질 것이다. 당신 소유라고 생각하던 아내의 질이, 카메라 조작 매뉴얼에서 조리개를 열고 닫는 방법을 설명할 때처럼 묘사되어 불편할 수도 있다.

하지만 착각해서는 안 된다. 의사가 아내의 상태를 정기적으로 진단하지 않는다는 건 있을 수 없는 일이다. 설령 당신이 인간의 생식 작용 중 가장 장엄하고 숭고한 출생의 과정을 하나도 빠짐없이 지켜본다고 하더라도, 출산은 계획적이지 않고, 완전히 이해할 수도 없으며, 분류하기도 쉽지 않다. 예측 불허의 출산에 그나마 대비할 수 있는 방법은 진단과 확인뿐이다. 그 순간을 결코 아내 혼자 겪게 하지 말라. 설혹 병원에 함께 가지 못하더라도, 늘 촉각을 곤두세워야 함을 잊지 말자.

◇ 첫째도 마사지, 둘째도 마사지, 셋째도 마사지다

임신의 후반부로 접어들면서 아내는 움직이지도 못할 만큼 힘겨워할 것이다. 온몸이 쑤시고, 잠도 제대로 못 잔다. 숨을 쉴 때는 산소마스크라도 쓴 것처럼 씩씩거린다. 무엇을 먹든 종이를 씹는 기분이고, 모든 의자가 돌 방석 같다. 치질이 생길 수도 있다.

아침에 눈을 뜨면 잠이 부족하다고 투덜거릴 것이다. 당신이 애무라도 할라치면 피곤하다며 짜증을 낼 것이다. 문제는 일정 기간 동안 아내가 숙면을 취하지 못한다는 점이다(아이가 태어나면 좀 편히 잘 수 있을 거라고 기대하겠지만, 안타깝게도 현실은 그렇지 않다). 아마도 아내 주변에는 베개가 너무 많아 흡사 이글루에서 사는 것처럼 보일 것이다. 다리 사이에 하나, 등 밑에 하나, 어깨 뒤로 하나, 머리맡에 하나, 발목 밑에 하나……. 갈비뼈도 아프고 가슴도 아프다(노란색 분비물도 나온다). 발목도 아프고 발도 아프고 등 아래쪽은 훨씬 더 아프다(척추를 용접해놓은 기분이라나?). 게다가 다리에는 자꾸 쥐가 난다.

지금 아내에게 필요한 건 첫째도 마사지, 둘째도 마사지, 셋째도 마사지다. 지금 당신의 아내는 임신 후반부가 빨리 끝나기만을 누구보다 바라고 있을 것이다.

만일 여름이라면 해질녘에 교외로 소풍을 가거나 드라이브인 극장을 찾아 영화를 보라. 가까운 계곡의 개울가로 놀러 가 아내가 물가를 걸을 수 있도록 해주는 것도 좋다. 비올 때 우산을 쓰고 함께 산책을 해도 좋고, 겨울이라면 근처 공원에서 임신부처럼 배가 볼록 나온 눈사람을 만들어보는 것도 좋다.

무엇보다 아내를 따뜻하게 대해줘야 한다. 아내가 삐걱거리는 뼈에 살만 덕지덕지 붙은 모습이더라도(적어도 아내는 스스로 그렇게 생각할 것이다), 당신이 절대적으로 아내를 사랑한다는 걸 믿게 해줘라.

사랑받는 남편이 되기 위한 TIP!

아내와 함께 목욕을 하라. 배가 거서 거동이 불편한 아내가 자칫 넘어지지 않도록 손을 잡아주자. 욕조 모서리나 세면대에 배를 부딪치지 않도록 부축해주고, 아내의 배를 부드럽게 닦아줘라.

대체 이 사람들은 누구이며 무슨 생각을 하는 걸까? 전혀 모르는 사람들 아닌가? 파티에서 만난 내 친구의 친구들이다. 아내의 배를 사람들이 만지는 순간, 아기만의 사적인 공간이 마치 공유물처럼 공개된다. 물론 그들의 마음을 이해 못 하는 바는 아니다. 아기가 자라고 있는 배에 손을 올려 태동을 느껴보는 건 가슴 벅찬 일이다. 게다가 모두들 조심스럽게 만져볼 것이다.

하지만 나는 가능한 한 만지지 못하게 했다. 눈빛을 주거나 헛기침을 하는 등 무언의 사인을 줘도 안 되면, 직접 말했다. 손을 대지는 말아달라고. 훗날을 위해서라도 이런 연습은 미리 해두는 게 좋다. 전혀 모르는 사람이 아이의 손가락과 볼을 만지면서 아이를 괴롭힐 수도 있다.

사랑받는 남편이 되기 위한 TIP!

체력을 보강해두도록 한다. 아이는 순식간에 커서 "아빠가 술래야"라고 외칠 것이다. 아이는 바람을 가르며 이리저리 뛰어다닐 것이고, 당신은 아이의 꽁무니를 숨 가쁘게 쫓아다닐 것이다. 숨이 차서 뭔가 잘못됨을 깨닫고 당신에게 아이가 뒤돌아보며 "아빠, 왜 그래?"라고 묻게 만들고 싶지 않으면, 지금부터라도 운동을 열심히 해둬라.

◇ 아내의 가슴에서 모유가 나올 수 있다!

임신 후반기에 뜻하지 않게 발생할 수 있는 일이다. 그걸 먹게 되더라도 뱉어버리거나 멍청하게 행동하지 말라. 만약 그게 당신을 흥분시키더라도 오버해서는 안 된다. 아내로 하여금 당신이 모유를 두고 아기랑 경쟁하려 들지도 모른다고 생각하게 만들 수도 있으니까. 하지만 남편이 모유를 먹는 경험을 해보길 바라는 아내도 간혹 있다. 딱 한 번쯤.

◇ 치질 문제에 요령껏 대처하라

임신 후반기에 특히 아내를 당혹스럽게 만드는 것이 바로 치질이다. 지속적으로 변이 마려운 느낌과 밑으로 쏠리는 느낌이 든다. 언젠가부터 항문 바깥으로 살이 봉긋하게 부어올랐는데, 앉을 때마다 통증이 있다. 변을 보지 않는데도 피가 나기도 한다. 당신은 아마 이 반갑지 않은 불청객 때문에 우울한 표정의 아내를 자주 보게 될 것이다. 앓는 사람이나 지켜보는 사람이나 괴로운 질환이지만, 아이 낳기 전에 흔히 찾아오는 임신 트러블이고 출산과 함께 사라질 질환이기도 하다(물론 개인 관리를 잘해줘야 한다).

대체 왜 아내에게 이런 일이 생겼을까? 아마 변비 때문일 것이다(몇

몇의 여성은 임신 기간에 먹는 엄청난 크기의 비타민제 때문에 변비가 생기기도 한다). 이때 요령 있게 도울 수 있는 방법은 뭘까? 일단 아내의 식단을 바꿔라. 기름이나 고기, 지방성 음식 대신 야채를 많이 먹게 하라. 오트밀에 건포도나 자두를 넣어라. 산부인과 의사에게 연고 처방전을 받아오는 것도 좋다. 약국에서 치질 패드를 살 수도 있다(꽤 쓸 만하지만 효과가 대단하지는 않다). 따뜻한 물을 받은 욕조에 앉아 있게 해보라. 만약 아내가 욕조에서 오랫동안 나오질 않는다면, 도넛 모양의 방석을 찾아보는 것도 좋다.

◇ 임신 후반기에는 이사하지 말라

이사 계획이 있는가? 출산이 임박해 이사했을 경우, 행여 예정일보다 아기가 일찍 나온다면 아내가 병원에서 돌아왔을 때 아기를 키울 준비가 덜 되어 있을 수도 있다. 따라서 미리 이사를 해놓고 싶을 수도 있다. 지금 사는 집은 공간이 너무 좁다거나, 근처의 학군이 마음에 들지 않는다거나, 위층 집 아이들이 새벽 두 시까지 롤러스케이트를 타느라 너무 시끄러울 수도 있다. 하지만 이사를 해야 한다면 임신 중반기에 했어야 한다(그러니 미리 이 책을 읽는 편이 유리하다!).

그럼에도 이사하기로 결정했다면, 세부 사항은 당신이 처리하라. 아내는 자기 짐을 챙기는 것만으로도 벅차다. 더구나 당신 혼자서도 무언가를 충분히 해낼 수 있다는 걸 보여줄 절호의 기회다. 아내는 친정이나 친구 집에 보내라. 당신 역시 아내가 이사 박스를 챙기느라 허리를 굽히거나 거실의 소파를 어디에 둘지 고민하는 걸 원치 않을 것이다. 아기를 위해서라도 아내는 편히 쉬는 것이 좋다.

집 공사를 하는 건 절대 금물이다. 현실적으로 생각하라. 아직 임신 초기 또는 중반이라 해도, 대부분의 공사는 제 날짜에 끝나는 경우가 없다는 점을 명심하라(출산도 그렇듯). 아내가 임신했다고 해서 공사업자가 공사를 앞당겨줄 리 없다(그의 목적은 자꾸 공사를 지연시켜서 추가비용을 지불하게 만드는 것이다). 가급적이면 공사 지연에 대해서는 배상하겠다는 공사업자

를 찾아라. 애초 의도가 아무리 좋았더라도(아이 방, 놀이방 등) 공사가 지연
돼버리면 아내는 모든 먼지와 혼란에 노출될 것이다. 아내가 최대한 건
강하게 지내길 바란다면, 아내가 필요로 하는 것들에 귀를 기울이고, 임
신의 마지막 세 달이 시작되기 전에 공사를 마치고 청소까지 말끔히 끝
내도록 하라.

사랑받는 남편이 되기 위한 TIP!

아내에게 아이 이야기하다가 개나 애완하다가 개나 말다 노릇하고 말며라. 잘 참아 슬픔이다. 그
건 자존으로 재는 식을 집어나 일상한 여실 줄 차상어 그램다다. 차상은 한 말도
있다 만약 그렇게 느꼈다고 해도 차상은 그럼 차상이 좋음이 있다고 생각한다

출산 전에 남편이
준비해야 할 것들

◇ 산후조리 문제를 아내에게 떠넘기지 말라

아이가 태어난 다음 산후조리원을 이용할 것인지, 아니면 장모님께 한 달 정도 함께 있어달라고 부탁할 것인지 아내와 미리 상의해야 한다. 임신 전의 건강한 몸 상태를 회복하려면 산후조리 기간을 잘 보내야 하며, 자칫 잘못하면 평생 고생하게 된다. 산후조리에 대한 문제를 아내에게만 떠넘기지 말고 함께 고민하는 남편이 돼라.

　　나는 출산 교실에서 절대로 웃지도, 한눈을 팔지도, 시간 낭비라고 생각하지도 않겠다고 다짐을 거듭했다. 아내는 교실에 들어서기 전에 내가 수업에 집중할 수 있도록 격려해주기도 했다. 처음 문을 열고 들어섰을 때, 교실 안에는 배 나온 여러 임신부들이 카펫 바닥에 앉아 있었고 주변에는 어리둥절해하는 남편들이 보였다.

　　"강사는 어디 있지?"

　　갑자기 한 임신부가 외쳤다.

　　"오, 세상에!"

　　아내는 내 뒤에 서서 이렇게 말했다.

　　"이건 불공평해."

　　V라인 얼굴에 조각 같은 가슴을 갖고 있는 강사가 짧은 스커트를 입고 금발을 날리며 들어오고 있었다. 또 다른 임신부가 중얼거렸다.

　　"애를 낳아본 적도 없을 거야……."

　　그녀의 남편이 답했다.

　　"무슨 상관이야. 암, 아무려면 어때?"

　　우리 교실은 오히려 남편들이 더 열심이었다. 희한하게도 우리 반 남편들은 수업이 끝나면 강사에게 달려가 출산 전에 어떻게 숨을 쉬어야 하는지, 출산 때는 어떤 강도로 어디를 어떻게 주물러줘야 하는지 시범을 보여달라고 요청했다("나한테 해줘야 어떤 느낌인지 알죠."라고 하면서). 몇 주가 지나자 여자들은 더 배가 나왔고 강사의 치마 길이는 더 짧아졌다. 마지막 수업 때는 강사가 마치 셔츠만 걸치고 나온 것 같았다. 한 여자가 남편한테 군침 좀 그만 흘리라고 말할 정도였다.

한번은 아내가 수업 중에 항의라도 하듯 내 눈을 들여다보면서 말했다.

"이거 다 소용없는 짓 같아. 난 아픈 건 정말 질색이야. 일단 분만실에 도착하면 약이란 약은 다 갖다 달라고 할 거야."(실제로 아내는 그렇게 했다.)

나는 답했다. "그래도 들어보는 게 좋지 않을까? 옛날 방식이라는 게 있잖아."

지금에 와 돌이켜보면 수업을 듣기 잘했다는 생각이 든다. 이 수업 때문에 분만 과정과 출산이 더 쉽게 다가왔다. 실제 출산 장면을 담은 영상을 보면서 모든 남자(그리고 일부 여자들)의 얼굴이 창백해졌다. 그걸 보던 한 남자가 자기 아내에게 이렇게 말했다.

"당신한테 저런 일이 생기는 건 싫어!"

하지만 남의 출산 장면은 끔찍했을지 몰라도, 자기 아내의 출산은 정말이지 신비롭게 느껴진다. 출산 교실에서 가르쳐주는 대부분은 이런 환상을 제거하기 위한 것들이다. 모의 훈련과 숨쉬기, 문질러주기 등을 통해 출산은 현실이라는 점을 가르쳐준다.

당신의 강사가 내 강사처럼 생겼다면, 굳이 권하지 않아도 당신 스스로 달려갈 것이다. 어쨌든 꼭 가라. 요즘 시대의 남자라면 반드시 알아야 하고 거쳐야 하는 과정이다. 꼭 무언가를 배워오지 않더라도, 출산 과정에 겁먹지 않게 되어 아내를 더 가까이에서 잘 지켜줄 수 있을 것이다. 조금이라도 더 익숙해진다면, 적어도 기절하지는 않는다.

◇ 기분 나쁜 임신 용어들엔 별명을 붙여라

다른 이름을 붙여 부르는 것만으로 기분이 나아질 것이다. 나는 '점액전'이라는 말이 정말 싫었다. 야구장의 더그아웃 바닥에서나 나올 법한 물질처럼 여겨졌기 때문이다. 개인적으로 나는 점액전 같은 것이 내 성기에 닿는다는 생각 자체가 싫었다. 그래서 나는 그 단어를 '출산 코르크 마개'라고 부르기로 했다. 여자를 와인 병에 비유해 그리던 피카소의 그림에서 착안한 것이다. '출산 코르크 마개'라는 단어는 내게 술에 취한 듯 살짝 격양된 기분, 뭔가 편안한 느낌, 행복감 등 기분 좋은 감정들을 갖게 해줬다.

뭐라고 부르든, 아내의 자궁경부를 막아 당신의 아기를 세균으로부터 보호해줬던 그 물질이, 출산일 며칠 전 또는 몇 시간 전에 갑자기 이슬로 비치기 시작한다. 그러니 어느 날 갑자기 아내의 '출산 코르크 마개'가 터졌다고 해도, 발작하지 말고 바로 의사에게 전화하길.

◇ 아내가 분만실에 장모님이나 친구가 함께 있길 바란다면

두 가지 길이 있다. 한껏 낙심해서 구석에 부루퉁해 있거나(사람들이 당신을 봐주고 있는지 어깨 너머로 살피면서), 당신의 심적 부담을 덜어줄 사람이 있다는 사실에 기뻐하거나. (아내가 남자 친구를 부르겠다고 하지 않은 게 어딘가? 만약 정말 부른다면, 결혼 생활이 위험해지지 않도록 각별히 신경 써야 할 것이다!)

하지만 당신이 지금까지 아내의 임신에 함께해왔고, 이 중요한 순간을 위해 아내와 함께 준비해왔으며, 호흡법도 연습해뒀고, 산부인과 의사와 마취학자의 노력이 결실을 맺도록 최선을 다할 자세가 되어 있다면, 아내에게 당신 혼자 모든 걸 해내고 싶다고 말할 권리가 있다. 우리 장모님도 오시겠다는 제안을 했었다. 아내는 그 소식을 내게 전했지만, 난 거절했다. 하지만 내가 아는 남자 중에는 장모님이나 아내의 친구들, 또는 둘라(분만 과정을 돕고 산모를 편안하게 해주는 출산 보조 전문가 – 옮긴이)를 통해 전형적인 무대공포증을 완화시키고 싶어하는 사람도 있었다. 결정은 어디까지나 당신의 몫이다. 너무 늦기 전에 당신의 의견을 표현하라.

◇ 출산 예정일 몇 주 전부터는 출장 가는 일이 없어야 한다

직장에서의 좋은 기회를 포기해야 할 수도 있을 것이다. 하지만 배부른 아내에게 힘든 일이 생길까 봐, 아기가 태어나는 순간을 놓칠까 봐, 출장지에서 손톱을 깨물며 안절부절못하는 것보다는 백배 낫다.

아직 아기가 나오기 전, 나와 아내는 뉴어크 공항의 택시 정거장에서 두 남자를 본 적이 있다. 한 사람은 휴대전화를 귀에 바짝 붙인 채 보스

턴의 한 병원에서 진통을 겪고 있는 아내와 통화하면서, 자신이 도착할 때까지 아기를 낳으면 안 된다는 말을 거듭하고 있었다. 그는 직항 항공기에 좌석이 없어서 일단 마이애미에서 뉴어크까지 날아온 상황이었다. 그의 계획은 우선 줄을 서서 택시를 기다린 다음, 어떻게든 러시아워의 교통 체증을 피해 라과디아까지 이동해서, 보스턴행 첫 버스를 타고 아이의 출산을 함께하는 것이었다. 나는 그와 함께 있던 동료에게 어쩌다 그가 이런 곤란한 상황에 처하게 됐는지 물었다.

"원래는 출산 예정일이 다음 주였거든요."

내 아내가 내게 돌아서며 말했다.

"만약 내가 보스턴에서 진통을 겪고 있는데, 당신이 여기에서 택시를 잡아타려고 하고 있었다면, 당신이 가야 할 곳은 다른 곳이라고 말해 줬을 거야."

나는 그 남자에게 우리가 잡은 택시를 타라고 양보했지만, 그는 전화로 담당의에게 출산을 늦춰야 한다고 주장하는 데 정신이 팔려 내 말을 듣지도 못했다.

◇ 분만 시 아내를 진정시킬 수 있는 당신만의 방법을 고안해내라

아내의 말을 잘 들으면서 아내의 몸에서 단서를 찾아내라. 내 친구

는 첫아이의 분만 과정에서, 아내를 욕조에 앉히고 진통 전후로 배에 물을 뿌려주는 게 그녀를 진정시키는 데 가장 좋은 방법이라는 걸 알아냈다. 그는 둘째를 낳을 때에도, 뒤뜰에 있던 의자를 가져다 아내를 샤워기 물줄기 밑에 앉혀 놓고는 샤워실 밖에서 진통 주기가 얼마인지를 측정했다.

훗날 당신의 아내는 바로 이런 일 때문에 회상에 잠겨 눈가를 적시게 된다. 샤워기 밑에 가져다 준 뒤뜰의 의자가 아니어도 좋다. 분만 과정 동안 아내를 향한 당신의 사랑을 어떻게 보여줄 수 있을지를 찾아내라.

◇ 유아 심폐소생술을 배워라

유아 심폐소생술을 배울 때, 나는 의도치 않은 단순한 무관심으로 인해 아기의 생명을 위험하게 만든 부모들의 사례를 교관으로부터 듣고 정말 심각하게 두려워졌다. 그런 부모들은, 일단 아이가 태어나면 삶이 전과 같지 않다는 사실을 몰랐던 것이다.

수건은 단순한 수건이 아니고, 종이는 단순한 종이가 아니며, 플라스틱도 단순한 플라스틱이 아니다. 물도 그냥 물이 아니며, 전기도 단순한 전기가 아니다. 그럼 이것들이 과연 무엇이란 말인가? 바로 죽음을 불러올지도 모르는 도구들이다. 이런 교육은 원래 '세뇌'라고 불리지만, 나는 그냥 재프로그램되는 과정이라고 부르겠다.

교관의 설명을 듣고 나는 아내를 쳐다봤다. 아내의 얼굴은 붉게 달아올라 있었고, 손은 파르르 떨리고 있었다. 곧 아내는 눈썹을 치켜뜨고 내게 다가와 이렇게 속삭였다.

"당신 꼭 유령이라도 본 듯한 표정이네."

어떤 면에서는 그 말이 사실이기도 했다. 잘못될 수도 있는 모든 일의 유령을 본 것이다. 단지 임신 기간 동안뿐만이 아니라 인생 전체에 걸쳐서 말이다. 영화 〈사이코〉의 샤워 장면을 처음 봤을 때 눈이 휘둥그레지던 그런 공포를 다시 한번 체험한 것 같았다. 그 공포는 한 1분 동안 지속됐을 뿐이지만, 이 수업은 무려 세 시간 반 동안이나 계속되었다.

수업은 군대에서의 훈련 과정과 굉장히 비슷하다. 교관은 말하고 당신은 듣는다. 필기하지는 않는다. 무시무시하게 생긴 아기 인형에 연습해보고, 겁에 질린 한 부모로부터 겁에 질려 있는 또 다른 부모로 그 인형을 넘겨줄 뿐이다. 아기 인형의 폐에 공기를 불어넣을 때는 너무 열심히 하다가 인형의 폐를 터뜨리면 어떻게 하나 걱정도 했다. 어쨌든 이런 수업을 듣는 건 효과가 있다. 반드시 들어둬야 한다.

수업을 들은 8개월 후의 일이다. 웨스트 코스트에 있는 한 호텔에서 딸아이가 털이 북슬북슬한 이불 속을 기어다니면서 뭔가를 씹기라도 하듯 입을 오물거리는 걸 발견했을 때, 우린 거의 본능적으로 손가락을 아이 입속으로 구부려 넣어 유리 파편을 꺼낼 수 있었다. 그렇게 함으로써

대참사가 될 뻔한 일을 미연에 방지할 수 있었다.

이런 수업을 듣고 나면 아기를 목욕시키다가 수건을 집기 위해 아기에게 등을 돌리는 일은 절대 없을 것이다. 등 뒤로 손을 뻗어 수건을 집을 수 없으면 아내를 불러서 수건을 건네달라고 할 것이다. 기억하라. 수건은 더 이상 그냥 수건이 아니다.

그렇다면 과연 언제 이 수업을 들어야 할까? 임신이 막바지로 접어들어, 이제 수업을 들어야겠구나 싶을 때? 막 부모가 된 후, 이제는 더 이상 미루면 안 되겠구나 싶을 때? 결정은 당신의 몫이다. 언제라도 좋으니, 반드시 듣기만 하면 된다.

사랑받는 남편이 되기 위한 TIP!

아직까지 하지 않았다면(그리고 언제 할지 계획이 안 된다면), 일단 화재경보기와 집 안 경보기를 설치하자.

임신 후반기를
낭만 있게 보내려면

◇ 아내에게 줄 선물을 준비하라(출산 후에 줄 선물이다)

　이런 장면을 상상해보라. 아내가 갓 태어난 아기에게 젖을 먹이고 있고, 햇살 한 줄기가 창문을 통해 들어온다. 아내는 많이 지쳐 보이지만, 한편으론 꿈을 꾸듯 행복해 보인다. 그리고 당신은 이런 큰 기쁨을 선사해준 아내에게 고마운 마음을 전하고 싶다. 액세서리만큼 좋은 게 없다. 하지만 반지는 아직 부어 있는 아내의 손가락에 맞지 않을 것이다. 비싸긴 하지만 진주가 완벽한 선물이 될 수 있다. 진주는 잉태의 순간을 거쳐

탄생하는 보석이니까. 장식이 달린 팔찌를 사두었다가 나중에 아기가 태어난 날짜와 시간을 새기는 것도 좋다. 아내가 발견하지 않도록 잘 숨겨두자. 그리고 카드도 한 장 준비해놓자. 하지만 아직 쓰지는 말라(출산 후에 갑자기 차오르는 감정을 종이에 담고 싶어질 때까지 기다려라). 이 선물을 언제 줄 것인지 달력에 표시해두자. 출산 후 처음 며칠간은 너무 정신이 없어서 잊어버리는 것이 많다(직접 경험하면 깜짝 놀랄 것이다). 기다리다 지친 아내가 당신에게 선물을 받고 싶다는 눈치를 주는 건 최악이다.

◇ 아내가 야한 꿈을 꾸면서 야밤에 오르가슴을 느낄 수도 있다

아내가 잠을 자면서 신음을 낸다.

"음…… 아…… 아……."

당신은 눈을 뜨고는 이렇게 생각한다.

'아내가 악몽을 꾸는가보다. 빨리 깨워줘야지.'

아내를 막 흔들어 깨우려는 순간, 악몽을 꾸는 게 아니라 꿈속에서 섹스를 하고 있다는 사실을 깨닫는다. 깨우려던 손을 황급히 거둬들이고는 생각한다.

'대체 누구랑 뭘 하고 있는 거야? 한 명 맞아? 혹시 여러 명 아냐?'

아내의 신음은 점점 절정으로 치닫고 마침내 거친 숨을 내쉬며 혀로

입술을 핥고는 마무리한다. 당신은 기가 막혀 말도 안 나온다. 이 짐승 같은…… 나를 두고 다른 남자랑?

이때 아내의 눈이 번쩍 뜨인다.

"세상에, 내 인생 최고의 꿈을 꿨지 뭐야……."

이제 당신이 선택할 수 있는 옵션은 다음과 같다. 즉시 침실 스탠드를 아내 얼굴에 대고 심문하는 것(그럼 아내는 법적 혼인관계가 꿈에서도 성립하느냐고 반문할 것이다). 또는 바로 아내에게 달려들어 함께 즐기는 것. 선택은 당신이 하라.

◇ 임신 중에 어버이날을 맞으면, 아내에게 첫 번째 선물을 하라

아내는 그 선물을 영원히 간직할 것이다. 유행과 상관없이 영원히 지속되는 것이 좋다. 아기를 돌보고 진정시키기에 좋은 흔들의자는 어떤가? 엄마와 아기의 모습, 아니 엄마와 아빠와 아기의 모습이 담긴 사진이나 그림은 어떤가? 침대에서 아침을 먹을 때 쓸 수 있는 쟁반도 좋다(아기뿐만이 아니라 당신 부부도 침대에서 아침을 먹을 수 있다는 환상을 만끽할 수 있다).

난 아내에게 작은 앤티크 숍에서 산 소파 겸용 침대를 선물했다. 출산 후 아내는 거기에 누워 아이에게 수유를 할 때마다 내게 선물 받은 그 순간을 회상하곤 했다.

출산일이 임박했다면, 페디큐어와 다리 제모, 비키니 왁스를 할 수 있는 상품권을 선물하는 것도 좋다. 최근 아내가 거울을 유심히 들여다본 적이 없다면, 자신의 가랑이나 다리와 발에 신경 쓸 틈이 없었을 것이다. 당신이 아내에게 분만실 사진이나 동영상을 보여줬을 때 아내가 꾸미지 않았다는 사실을 깨닫고 공포의 비명을 지르기를 원치는 않을 것이다.

◇ 출산 전 3개월간 섹스를 안 한 부부는 당신 말고도 많다

걱정할 것 없다. 이 문제는 아무도 입 밖으로 말을 꺼내지는 않지만, 대부분 하고 있는, 그런 고민일 뿐이다. 맞다, 아내는 더 이상 마음이 편치 않다. 그렇다, 당신은 아기가 너무 가까이 있다고 느낄 것이다(산부인과 의사가 아기는 당신의 성기를 느끼지 못한다고 아무리 말해도). 사실을 직시하자. 섹스를 하는 동안 당신은 손 밑에서 움직이는 아기를 느끼게 될 것이고, 당연히 그건 굉장히 심난한 일일 수밖에 없다.

중요한 건 긴장할 필요가 없다는 것이다. 아내가 당신의 성욕을 해소해줄 수 있는 방법은 얼마든지 있고, 그 반대도 마찬가지다. 그런 방법들을 찾아 마음껏 즐겨보자.

◇ 아내의 모습을 사진에 담아라

옷을 입은 모습도 좋고, 누드도 좋고, 누워 있거나 서 있는 모습도 좋다. 불룩해진 배의 곡선이 실제보다 예쁘게 나오도록 사진을 찍어보자. 측면에서 빛이 들어올 때, 이른 아침이나 늦은 오후의 빛을 활용하라. 플래시는 터뜨리지 않는 게 좋다. 피부와 몸의 윤곽이 좀 더 돋보이고, 화려하진 않지만 잡티가 커버되는 흑백 톤으로 찍어보자. 훗날 아내는 이런 사진이 있다는 사실에 기뻐하게 될 것이다. 그리고 당신이나 아내나, 아내의 배가 그렇게 컸다는 사실을 믿지 못할 것이다.

☆ 사랑받는 남편이 되기 위한 TIP!

찍어놓지 않은 사진은 아내가 보여 달라고 할 때 보여줘라. 그것이 살아 있었다면 더욱 무의미의 위안이 된다.

◇ 아내의 방귀를 재치 있게 무시하라

아마 당신의 아내는 자신이 쉴 새 없이 방귀를 뀐다는 사실에 스스로도 무척 당황스러울 것이다. 하지만 그런 와중에도 남편인 당신은 모른 척해주길 바랄 것이다. 내 친구 칼이 이런 얘기를 한 적이 있다. 아내가 유난히 가스를 많이 분출하던 날, 그는 이런 농담을 던졌다고 한다.

"이야, 당신 꼭 색소폰 부는 것처럼 뿡뿡거리는데?"

하지만 그의 아내는 전혀 재미있어하지 않았고 "그런 건 좀 모른 척 해줘야죠."라고 했단다. 그도 결국 "아내 말이 맞아."라면서 인정했다.

◇ 아내의 배에 수시로 손을 대봐야 하는 진짜 이유

이제 아내의 볼록한 배는 불과 몇 분 안에 부드러운 피라미드 모양에서 정육면체가 됐다가 달걀 모양이 됐다가 아령 모양으로 뒤바뀔 것이다. 그럴 때마다 당신은 아내가 아플 거라는 생각에 겁이 날 것이다. 그런 당신 마음도 모르고, 아내는 자기 배에 손을 대보라고 할 것이다.

임신한 아내가 남편에게 자궁 위쪽으로 손을 대보라고 요구한 건 아마 인간이 동굴에서 살던 시절부터였을 것이다. 이때 보통 남편들은 아기가 배를 발로 차거나 움직이면 곧바로 손을 떼버린다. 어떤 남자들은 아기가 움직이기를 기다리기가 지루해 짜증을 내기도 하는데, 이때 아내들은 남편이 그런 일에 짜증을 낸다는 사실이 오히려 더 짜증스럽다. 결국 부부 사이에 소용돌이 같은 격한 언사가 오가고, 아기에게 스트레스를 줬다는 비난을 주고받으며 언쟁을 마친다.

당신이 먼저 제안해보자. 아내의 배에 당신의 배를 갖다 댄 채 서 보거나, 아내 옆에 누워서 아기가 발로 차고 움직이는 걸 느껴보면 어떨까. 아니면 침대에서 책을 읽거나 편히 쉬면서 아내의 배에 손을 대보는 것도 좋다. 당연히 당신은 아내가 느끼는 것이 어떤 것일지 정확히 알 수 없다. 아기를 배 속에 가진 느낌이 어떨지는 절대 알 수 없을 것이다. 하지만 최소한 당신이 관심을 쏟고 있다는 것을 아내에게 보여줄 수 있다.

태어날 아기를 위해
무엇을 해야 할까

◇ 아기방을 만들어라

　아내는 주도권을 쥐고 싶어 하면서도 팀워크가 필요하다고 할 것이다. 다른 부모들에게서 아이디어를 얻어라. 그리고 집과 관련한 모든 일이 그렇겠지만, 위치가 가장 중요하다. 아기방은 한밤중에도 수유를 할 때가 있으므로 너무 멀어서도 안 되고, 부부만의 시간을 가질 수도 있어야 하기 때문에 너무 가까워서도 안 된다.

　가장 중요한 것도 잊어선 안 된다. 요람, 아이가 좀 자랐을 때를 위한 유아용 침대, 시도 때도 없이 기저귀를 갈 때 아기를 눕힐 테이블 혹은 소파 겸용 침대(너무 높지도 너무 낮지도 않은 것으로), 뚜껑이 달린 휴지통, 서랍장, 장난감을 담을 수 있는 나무 바구니, 신생아용 흑백 모빌, 자장가가 나오는 알록달록한 모빌(나중을 위해). 아기에게 들려줄 적당한 음악도 미리 찾아두면 좋다. 이참에 아이에게 들려줄 만한 노래로 뭐가 좋은지 찾아보자. 꼭 동요만 찾을 필요는 없다.

아이에게는 집 안에서 가장 시끄러운 방을 주는 게 좋다. 아이를 사랑하지 않기 때문이 아니라 당신이 늘 꿈꾸던, 깊은 잠을 자는 아이가 될 수 있기 때문이다. 아침에 주방에서 벌어지는 난리법석에도 무난히 잘 수 있는 아이라면, 20년 후 당신이 걱정하면서 보내게 될 대학교 MT나 수련회에서도 혼자 푹 잘 수 있을 것이다(차라리 자는 게 안전하다).

그다음에는 아이를 다치게 할 만한 것들이 없는지 살펴라. 방바닥에 엎드려서 주변을 살펴보고 위험한 것들의 목록을 만들어라. 전기 콘센트, 계단, 불안해 보이는 전선, 독성이 있는 물건 등등 문제가 될 만한 것들은 모두 없애야 한다. 너무 시간을 끌어도 안 된다. 갓난아기를 페인트 냄새가 폴폴 풍기는 방으로 데려오는 일이야말로 아내를 가장 속상하게 만들 테니까.

당신의 기획력으로 아내를 깜짝 놀라게 하고 싶다면 사진과 낙서, 그림이나 메모(당신과 아내가 서로에게 하고 싶은 얘기를 쓰거나 그리는 것도 좋다)가 붙은 메모판을 달아놓아라.

언젠가부터 당신은 자신이 임신이라는 강물을 타고 흘러내려간다고 느낄 것이다. 그 강이 온통 바위투성이다 보니, 몇몇 남자들은 임신주기가 한참 지나버렸을 때가 되어서야 따귀라도 맞은 듯 아이가 곧 탄생한다는 그 굉장하고도 분명한 사실을 깨닫게 된다.

내게는 아내의 친구들이 준비한 임신 축하 파티 때 그런 순간이 찾아왔다. 나는 파티가 거의 끝나갈 무렵, 아내가 선물을 열어보는 순간에 도착하게 되어 있었다. 일찍 가면 머쓱해질 테고, 너무 늦게 가면 분위기를 망칠 수도 있으니까. 그래서 난 들어오라는 전화가 올 때까지 근처를 서성이느니, 혼자 인디밴드의 콘서트에 가기로 결심했다(탁한 공기와 소음은 어차피 임신 후반기에 접어든 아내에게 좋지 않을 테니까). 하지만 파티 장소에 도착한 나는 한창 들떠 있는 아내의 친구들과 너무나도 먼 거리감을 느껴야 했다.

아내는 선물들을 열어본 후 친구들과 포옹을 했다. 아내가 '남자들은 잘 모르는' 그 어떤 '미래'를 향한 여자들만의 기대감을 한껏 공유할 때마다, 나는 미소를 지으며 친구 한 명 한 명에게 감사의 뜻을 표했다. 그렇다. 나는 이 모든 게 아내에 대한 일종의 아첨에 가깝다는 걸 알고 있었다. 하지만 내 심기가 불편한 건 그것 때문이 아니었다. 그때쯤 이미 나는 아내의 그늘에 가려서도 마음 편히 있을 수 있는 나만의 기술을 가지고 있었으니까.

그렇다면 여전히 매력적인 아내의 친구들이 촉촉히 젖은 눈빛을 하고서, 나를 아빠로 바라보고 있기 때문인가? 아니, 그 때문도 아니었다. 이게 진짜 현실이라는 사실을 갑자기 깨달았던 것이다. 정말로 우리에게 아기가 생기는 것이다. 임신 때문에 생기는 일상적인 일들에 너무 몰두한 나머지, 아기가 우리에게 가져다 줄 변화를 제대로 이해하지 못하고 있었던 것이다. 두세 번째 선물을 열어볼 때쯤, 알록달록한 색상의 아기 신발과 인형에게나 맞을 법한 수제 카디건을 보게 될 때쯤, 우리 앞에 나타날 그 작은 생명체를 인식하게 된 것이다.

그날 밤, 나는 불이 꺼진 거실에서 혼자 아기 양말들을 보고 있었다. 아기 양말은 겨우 손가락 두 개가 들어갈 정도였다. 나는 깊은 생각에 잠겼다. 어쩜 이렇게 발이 작을 수 있을까? 이 작은 생명체는 과연 어떤 모습일까? 나는 정말 아빠가 될 준비가 되어 있을까? 혹시 인디밴드 콘서트에 가서 앙코르 공연을 보며 담뱃불을 붙이는 게 더 어울리는 건 아닐까?

"당신, 괜찮아?"

어둠 속에서 아내가 다가오며 물었다.

"우리에게 진짜 아이가 생기는구나."

내가 말했다.

"괜찮을 거야."

아내가 내 어깨에 손을 올리며 말했다.

다음 날 아침, 나는 수백만 번이나 그냥 지나쳤던 아기 옷가게에 가서 인디500(미국 인디애나주에서 열리는 자동차 경주대회 - 옮긴이)의 레이서가 입는 유니폼 같은 알록달록한 색상의 유아용 방한복을 샀다. 그 가게를 나오는 내 발걸음은 하늘을 날 것만 같았다.

◇ 유아용 카시트를 장만하라

잠자는 아기를 깨우지 않고도 안아 들 수 있도록 탈부착이 손쉬운 것으로 사야 한다. 병원에 갈 때 챙기는 것도 잊어선 안 된다. 병원에서는 그게 없으면 아기를 데려오지 못하게 한다(미국에서는 아예 법적으로 금지되어 있다. - 옮긴이) 경제적 여유가 부족하면, 일부 보험회사에서 유아용 카시트를 대여해주기도 한다는 사실을 기억하라. 유아용 카시트는 무슨 일이 있더라도 항상 사용해야 한다.

무엇보다 안전한 차를 구입하는 것도 고려해야 한다. 대학생일 때 나는 (주황색이라서 '호박'이라는 별명을 붙여주었던) 폭스바겐의 카르만 기아 컨버터블을 모는 걸 무척이나 즐겼다. 그 뒤 중고차나 최소한 볼보 스테이션 웨건(뒤에 화물 공간이 있는 차량 - 옮긴이)을 찾기 위해 돌아다닐 때에는 내가 인생에 너무 순응하며 사는 건 아닌가 하는 생각도 들었다. 하지만 스스로에게 솔직해질 필요가 있었다. 카르만 기아를 탔던 건 여자를 유혹하기 위해서였다. 하지만 스테이션 웨건은 목적지까지 내 가족을 안전하게 데려다 주기 위해 꼭 필요하다. 그뿐만이 아니다. 당신도 머지않아 자전거부터 하키 스틱까지, 모든 걸 실을 수 있는 공간이 어차피 필요하다는 걸 깨닫게 될 것이다.

◇ 태어날 아기를 위해 준비해야 할 것들

제일 먼저 귀로 체온을 재는 디지털 체온계를 구입하라(아니면 친구들에게, 돈을 모아서 이니셜이 새겨진 빗 세트 따위가 아니라, 정말 유용한 것을 사달라고 말하라). 내 어린 시절 이후, 사람이 달에 가는 건 물론 유아용 체온계를 항문 대신 귀에 쓸 수 있게 되었다. 두 가지 모두 굉장한 발전이다.

아내의 귓불을 잡아당겨 체온계를 한 번에 부드럽게 잘 넣을 수 있을 때까지 연습을 거듭하라. 반쯤 잠에 취한 채 새벽 세 시에 체온을 재야 할 날이 올 것이다. 물론 정확한 체온을 재지 못할 수도 있지만, 아이가 느낄 불편함은 훨씬 줄어들 것이다.

두 번째, 아기 옷이다. 아기가 입는 옷은 생각보다 비싸다. 게다가 당신의 아기는 불과 몇 주만 지나도 그 옷이 작을 만큼 빨리 자랄 것이다. 먼저 아기를 낳은 친구들에게 연락해 무조건 빌려라. 아기를 우스꽝스런 패션 왕으로 만들 수 없다는 사실에는 당신보다 아내가 더 공감할 가능성이 크다. 특히나, 그 조그마한 천 쪼가리에 붙어 있는 가격표를 본다면 말이다.

◇ 아직도 아기에게 음악을 안 들려주고 있는가?

최소한 한 명의 작곡가를 정해 틈틈이 이어폰을 아내의 배에 대주도록 한다. 출산 후에 그 노래는 아기를 진정시키는 효과를 발휘한다(아기의 울음을 그치게 만들 수도 있다). 우리는 비발디의 〈사계〉를 들려주곤 했는데, 나중에 우리 아기가 갑자기 울다가도 이 노래를 들려주면 신기하게 진정되는 걸 보고 얼마나 놀라고 기뻤는지 모른다.

또한 당신 부부를 위해 노래를 한 곡 더 골라(되도록이면 로맨틱한 걸로) 자주 들어라. 나중에 그 음악을 듣고 당신과 당신의 아내가 임신했을 때를 떠올릴 수 있도록. 아내에게 로맨틱한 감정을 불러일으키는 데 이보다 더 효과적인 건 없다. 선박에 따개비들이 들러붙는 것처럼 노래는 항상 추억을 따라다닌다.

한창 연애하던 때를 생각해보자. 무슨 노래가 들리는가? 아내가 라디오에서 흘러나오는 노래에 감동하는 모습을 발견하면 얼른 그 노래를 저장해둬라. 그런 다음 한가한 일요일 오후, 소파에 앉아 책을 읽을 때 그 노래를 틀어라.

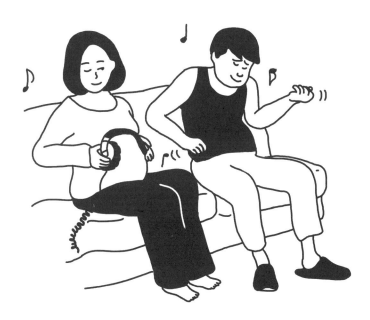

◇ **아내와 함께 소아과 의사를 만나라**(집에서 가까운 병원만)

대기실에 앉아서 기다리는 동안 그 의사가 어떤지 다른 부모들에게 물어보라(갈 때마다 물어보는 게 좋다). 여섯 쌍 이상의 부모와 이야기를 나눴는데도 극찬하는 사람을 한 명도 보지 못했다면, 접수원에게 가서 고맙다고 말한 후 병원을 나가라. (한번 생각해보자. 만일 어떤 의사가 당신에게 훌륭한 의학적 조언을 해줘서, 아이를 고통으로부터 구할 수 있었다면 동네방네 돌아다니며 그 의사 소문을 내고 싶지 않겠는가.) 의사를 정했다면, 어느 병원과 협력하고 있는지, 팀에는 몇 명의 동료 의사가 있는지, 근무 시간이 아닐 때 어떻게 연락하면 되는지(아이는 항상 병원 문이 닫혔을 때 아프다) 물어보자. 만약 당신이 교외에 살고 있다면, 왕진도 하는지(모든 의료 분야에서 왕진 의사만큼 고결한 사람은 없다) 물어보자. 그런 다음 약사에게 의사가 전화로 처방해줘도 되는지 물어보라. 만약 신뢰하는 약사가 있다면, 당신이 마음에 두고 있는 의사에 대해 어떻게 생각하는지 솔직한 의견을 물어봐도 좋다.

◇ **신생아실을 방문해보자**

전체 임신 기간 동안 가장 아름다운 순간이 될 것이다. 출산을 앞둔 아내와 당신이 유리창 앞에 서서 한 무리의 신생아들을 바라보는 것. 다가을 출산을 생생하게 느끼는 데 이만큼 좋은 게 없다.

나와 내 아내는 그 창문에서 떨어질 수가 없었다. 얼마 후면 우리의 아기를 이렇게 바라보고 있을 것이란 사실을 믿을 수가 없었다.

정말 아름다운 순간이다. 이제 막 아기를 낳은 엄마와 아빠들이 느릿느릿하게 복도를 걸어오고, 그중 제왕절개 수술을 받아 링거를 팔에 꽂은 몇몇은 너무 지쳐 제정신이 아닌 듯 보이고, 거기에 희색이 만면하면서도 안절부절못하는 할아버지와 할머니들, 꽃을 들고 방문한 친구들이 포옹해주는 모습들이 보인다. 거기에 대부분이 잠들어 있는 너무나 작은 아기들, 이 새로운 세상을 이해하려고 노력이라도 하는 듯 괴로운 표정을 짓고 있는(가스가 찬 상태라고 메모가 붙어 있는) 아기들, 즐거운 표정으로 입술을 오므리고 있는 아기들, 이 모든 아기가 머리까지 포대기에 단단히 싸인 모습.

이때 아내에게 뭔가 확신에 찬 말을 하지 않는다면 당신은 정말 멍청이다(당신이 아무리 감상적인 말을 한다고 해도 아내는 흉을 보지 않을 것이다). 당신이 아내를 얼마나 사랑하는지, 임신 과정 중 두 번째로 감동적인 이 순간이 오기까지 아내가 겪어온 그 많은 일에 대해 당신이 얼마나 고맙게 생각하는지 분명히 말하라. 그녀는 그 말들을 평생 동안 기억할 것이다. 수년 후에 그녀가 냄비를 휘젓고 있을 때에도, 손톱을 다듬고 있을 때에도 갑자기 그때를 떠올리게 될 것이다.

출산을 앞둔
아빠의 마음가짐

◇ 출산 예정일에 목매지 말라

　임신 후반기에 접어들면 아내의 머릿속에 출산 예정일이 도장처럼 선명하게 박힌다. 주변 모두가 예정일이 아주 정확한 건 아니라고 하더라도, 이미 아내는 그날만을 손꼽아 기다리고 있다. 행여 예정일이 지나 하루하루 출산이 늦어지면 무슨 문제라도 있는 것처럼 불안해할 것이다. 만나는 사람마다 예정일이 언제냐고 물어볼 텐데, 아내에게는 이 질문이 자기에게 무슨 문제가 있는 것처럼 들린다. 어쩌다가 사람들이 배가 너무 나와 터질 것 같다고 농담이라도 하면, 아내는 울음을 터뜨릴 것이다(어쩌면 불같이 화를 낼지도).

그러다가 출산이 정말 늦어지면, 사람들은 당신에게 귓속말로 출산을 촉진할 만한 무슨 방법이라도 써야 하는 게 아니냐고 물어본다(성생활에 대한 걱정까지 잔뜩 보태서). 아마 당신은 우리 부부의 성생활은 아무 문제가 없다고 대답할 것이다. 하지만 당신은 한동안 섹스가 없었다는 사실에 괜한 압박감을 느끼고는, 낮 시간의 피로가 쌓여 있음에도 아내와 섹스를 시도한다.

당신이 가엽다고 말하고 싶지는 않다. 아이를 갖는다는 건 정말 행운이니까. 하지만 당신도 힘들 때가 있다. 이제 임신은 세 시간째 상영하고 있는 서스펜스 영화처럼 지루하기만 하다. 당신도 이 모든 긴장으로부터 해방되고 싶다. 그런 마음에 지금 섹스를 시도하고 있지는 않은가? 하지만 지금이야말로 아내에게 당신의 강인함을 보여줄 때다. 임신 초반과 중반에 제대로 못 했다는 생각이 든다면, 더더욱 이 시기에 잘해야 한다. 지금이 아내에게 당신이 가장 필요할 때니까. 물론 이건 시작에 불과하다.

늦어지는 출산 예정일뿐 아니라 아내의 불안감을 증폭시킬 일들은 너무 많다. 그러나 어떤 상황이 펼쳐지더라도 의사가 문제라고 하지 않는 한, 실제로 걱정할 일은 없다. 다시금 마음을 단단히 먹고, 어깨를 쫙 펴고, 아무렇지도 않은 모습으로 아내를 보살펴라.

◇친구들이 무관심해지는 순간을 서운해하지 말라

당신과 당신 아내의 친구들은 임신 소식을 듣고 처음에는 다들 악수를 청하며 축하한다고 안아주며, 느낌이 어떠냐고 물을 것이다. 그리고 출산 소식을 접하면 다시 찾아와 아기와 놀아줄 것이다. 하지만 그 중간 단계인 지금은, 당신이 아내나 당신 얘기를 하더라도 그들 대부분은 시큰둥해할 것이다.

당신 부부의 임신을 남들에게 떠밀지 말라. 어쨌든 임신은 부부 둘만의 일이다. 당신이 하는 얘기를 하나부터 열까지 들어주는 친구가 하나라도 있다면, 그 친구는 '평생을 함께할 친구'라고 적힌 훈장이라도 줘야 할 것이다.

◇여가 시간이 줄어드는 것에 익숙해져라

여가 시간은 머지않아 아예 없어질 것이다. 어떻게 대비할 것인가?

중요하지 않은 일에 소비하는 시간을 줄이고 시간을 좀 더 현명하게 사용하면 된다. 신문 읽는 시간을 평소의 절반으로 줄이는 요령을 터득하라. 주요 제목을 슬쩍 보고 첫 문단과 마지막 문단만 읽으면 된다. 스포츠 섹션을 읽는 데 걸리는 시간은 더 줄여야 한다.

불필요한 일에 소비하는 시간도 줄여야 한다. 형식적인 친구들이나 단지 가계도에 있기 때문에 존재하는 친척들을 즐겁게 해주는 것들 말이다. 시간이 부족한 것에도 이점이 있다는 걸 깨닫게 될 것이다. 인생을 정리할 수 있으니까.

◇ 선배 아빠들과 함께하는 시간을 가져보라

그래야 당신의 아기를 처음 팔에 안았을 때 정신적인 충격을 덜 받을 것이다. 당신이 존경하는, 이미 아이를 낳아 키우고 있는 아빠들이 어떻게 행동하는지 관찰해보자. 어떻게 아이를 안고 어떻게 놀아주며 대화하는지, 어떻게 기저귀를 갈아주는지, 그의 아내와 어떻게 대화하는지, 그와 그의 아내가 아이를 위해 어떻게 협력하는지를 살펴보자. 그는 나중에 당신의 좋은 스승이 될 수 있다.

참 재미있게도, 다른 사적인 일에 대해서는 자기 생각과 감정을 절대로 말하지 않는 남자들도 아빠가 됐을 때의 이야기에 대해서는 쉽게 말문을 튼다. 언젠가 친구 두 명과 뉴욕 양키스 경기를 보러 갔다. 3이닝이 끝날 무렵 양키스가 이미 11대 0으로 크게 이기고 있었기 때문에, 우린 로마제국 연회에서 한껏 배불리 먹은 황제라도 된 기분이었다. 우린 곧 분만실에서 있었던 일들을 늘어놓기 시작했다. '루스의 집'이라고 불리는 양키스 스타디움에서 우리 목소리를 줄일 수 있는 건 전쟁 이야기밖에 없다고 생각했다. 그때 누군가 내 어깨를 툭툭 쳤다. 우리 뒤쪽에 앉아 있던 또 다른 아빠가 자신의 분만실 경험담을 들려주고 싶었던 것이다.

◇ 갑자기 덜컥 겁이 난다면

어느 날 갑자기, 아기가 나올 때까지 조금만 더 시간이 있었으면 좋겠다는 생각을 하게 될지 모른다. 하지만 이건 비합리적인 소망일뿐인데다, 출산할 날만을 꿈꾸는 아내와 불협화음까지 만들 수 있다. 그런데도 당신은 출산일이 연장되기 바라는 마음을 쉽게 접을 수 없다.

왜일까? 회사 일이 바빠서? 금전적으로 준비가 되지 않아서? 분만실에 들어가기가 두려워서? 아버지가 되는 것에 비하면 임신 기간은 식은 죽 먹기이기 때문에?

내 경우에는 마지막 이유가 가장 걱정스러웠다. 아이를 잃어버리거나 다치게 하는 악몽을 꿨을 때처럼, 갑자기 내가 준비를 제대로 못한 것처럼 느껴졌다. 정작 필요한 공부(부모 역할)는 안 하고, 엉뚱한 시험 준비(임신)만 하고 있었다고 느낀 것이다. 날 두렵게 했던 건 아이가 귀앓이나 열병이 나서 밤에 한숨도 못 자는 일이나, 상상 속 놀이터에서 다른 아이와 싸웠을 때처럼 내가 확실히 알 수 없는 일들이었다.

훗날 내가 아빠 역할을 이렇게 즐길 줄은 그 당시에는 미처 몰랐다. 어떻게 확신할 수 있었겠는가? 다시 한번 아이의 눈으로 세상을 바라본다는 게 이렇게 즐거울 줄을. 하지만 당시 아내는 내가 훌륭히 해낼 거라고 말했다. 대체 그걸 어떻게 알았을까?

그러니 머리를 쥐어뜯을 필요는 없다. 자연스러운 과정이다. 최대한 많은 부분에서 건설적인 행동들을 해보자. 아기방을 좀 더 세심히 꾸미거나 부엌의 찬장을 식료품으로 채우거나, 다른 아빠들에게 출산 과정에서 남자의 역할을 들어보는 등 말이다.

◇ 완벽한 아빠는 없다. 지금부터 잘하자

지금까지 제대로 못 했어도 이미 일을 그르친 건 아니다. 아빠들 중에는 자기가 직접 보기 전까지는 믿지 못하는 스타일이 있다. 아기가 분만실에서 울음을 터뜨리고 나서야 모든 것을 실감하는 것이다. 아빠가 된다는 건 결혼과 마찬가지로 두 번째(그리고 세 번째, 네 번째) 기회가 주어진다는 얘기다. 완벽한 아빠란 없다. 따라서 지금까지 무관심했거나 잘못된 행동을 했다고 해서 실망하지 말라. 지금부터라도 한 걸음 한 걸음, 바른 방향으로 나아가면 된다.

분만 임박 3주 전,
이것만은 꼭!

◇ 휴대전화를 끄지 말라

쉽게 연락받기 어려운 상황에서도 항상 휴대전화를 켜둬라. 그래야 아내가 당신에게 연락을 취할 수 있다. 특히 임신이 마지막 단계로 들어설 땐 꼭 그래야 한다. 만약 그렇지 않으면, 곧 닥쳐올 출산 걱정에 아무 것도 하지 못할 것이다. 그렇지 않더라도 출산의 순간을 놓칠지도 모른다는 생각에 기분이 좋지 않을 것이다. 당신이 목표로 삼아야 하는 건 자유로운 가운데 아내를 보호하는 임무를 완수하는 것이다. 휴대전화를 꺼두는 건 오히려 당신의 자유를 망치는 결과를 초래할 것이다.

◇ 출산 후를 위해 식료품을 채워둬라

출산일이 다가오면 파스타 면과 소스처럼 요리하기 쉬운 음식들을 준비하라. 또한 음식이 맛있어 보이도록 꾸미는 방법도 배워둬라. 아내가 아이를 낳은 다음 최고의 컨디션을 되찾을 수 있도록, 영양가는 높고 칼로리는 낮은 음식들을 준비해야 한다는 사실도 기억해야 한다. 아내가 집에 왔을 때 찬장이 비어 있는 걸 보면, 당신이 평생 잊을 수 없는 '이런 한심한 양반 같으니.'라는 표정으로 쏘아볼 것이다.

◇ "안 태어났어?" "아직도 안 태어났어?" "여태껏 안 태어났어?"

이런 질문에 어떻게 대답할까(아니, 어떻게 이런 질문을 피할 수 있을까)? 그 질문 때문에 당신은 미칠 지경이 될 것이다.

"그래요, 아직이에요. 우리도 그 사실을 잘 알고 있다고요."

인내심을 갖자. 임신이라는 이 경이로운 과정을 겪기 전에는 당신도 그런 질문을 해본 적이 있다는 사실도 기억하자. 거짓말을 해두는 것도 괜찮다. 친구들에게 전에 알았던 예정일에 2주를 더한 날짜가 실제 출산 예정일이라고 말해두자. 나중에 이런 말을 듣게 될 것이다.

"오, 예정일보다 일찍 낳았네. 분만이 어렵진 않았겠어."

◇ 대금 청구서는 미리 해결하라

아기가 태어난 후 한동안 챙길 일이 없도록 미리 지불하자. 납기일이 지난 청구서나 지불 독촉장은 한창 구름 위를 떠다니고 있는 당신의 발을 낚아채 땅으로 끌어내릴 것이다. 한동안은 그 기분을 만끽하기 위해서라도 미리 정리해두길 권한다. 평생 다시 맛보지 못할 그 소중한 시간들을 계산기 따위에 빼앗겨서야 되겠는가.

◇ 아내를 위해 미리 가방을 싸라

모든 걸 준비해서 아내를 깜짝 놀라게 해보자. 화장실에서 읽을거리, 껌, 양말, 슬리퍼, 립밤, 여러 벌의 속옷, 생리대, 화장품, 햇빛이나 추위를 막는 아기 옷과 모자, 겨울용 작은 주머니(필요하다면), 앞으로 멜 수 있는 가방, 기저귀. 또 뭐가 있을까? 작은 손거울(끝이 날카롭지 않은 것으로)

을 준비하면 아기가 태어나는 순간을 아내가 볼 수 있을 것이다(만약 그녀가 원한다면 말이다). 아내가 좋아하는 수건을 준비해 그녀의 이마를 닦아줄 때 사용하자.

여덟 개가 한 세트인 과일 주스, 땅콩과 말린 과일 따위가 들어 있는 다양한 과자들, 부풀려서 얼음 팩으로 쓸 수 있는 작은 가방, 분만실의 긴장감을 늦추는 데 도움이 될 가벼운 책(단, 재미있게 읽어줄 수 있다고 자부하진 말라. 그런 능력이 발휘되지 못할 수도 있다)도 준비해두자.

그런 뒤, 해야 할 일들을 적은 목록을 가방에 붙여두자. 큰아이 혹은 반려동물을 돌봐줄 사람의 연락처도 필요하다. 아기가 태어나면 직장의 누구에게 먼저 알릴지, 병원에 데려다줄 사람이 필요할 때 누구를 부를지 등 출산에 동반되는 다른 일들도 적어두자.

긴장감에 머리가 잘 돌아가지 않는다면 어떤 일이 벌어질지 상상하면서 준비하라. 실제로도 그럴 테니까. 아무리 멍청한 사람도 해낼 수 있을 만큼 모든 걸 준비해야 한다. 이렇게 준비한 가방과 체크리스트를 침대 밑에 넣어둬라.

당신을 위한 가방도 출산 예정일 몇 주 전에 준비해둬라. 가방 싸는 걸 싫어하는 남자가 많다. 하지만 지금은 화가 머리끝까지 치솟은 아내가 쿵쿵거리며 옷장에 가서 당신 가방을 꾸려줄 때가 아니다. 출산은 결코 깔끔한 과정이 아니므로, 버려도 괜찮을 만한 옷만 챙겨라. 당신은 온갖 종류의 액체가 흐르는 아내를 포옹하게 될 것이고, 그런 액체가 말끔히 닦이지 않은 아기를 안고 어르게 될 것이다.

만일 탯줄을 직접 자를 계획이라면, 또 다른 종류의 액체가 당신 가슴에 뿜어지지 말란 보장도 없다(그렇다고 겁낼 건 없다. 모든 게 너무나 자연스럽게 느껴질 테니까). 하룻밤을 병원에서 지새울 수도 있으니 당신이 읽을거리도 가방에 넣어둬라. 구강청결제(막혀 있던 아내의 코가 갑자기 뚫려 당신의 입 냄새에 대해 한마디 할지도 모르니까), 운동화 같은 편한 신발, 여러 겹의 옷(북극처럼 에어컨이 빵빵한 방에서 사막처럼 후덥지근한 방으로 이동할 때를 대비해), 여벌의 속옷과 양말, 잠옷, 병원의 경고음이나 안내 방송을 막아줄 귀마개까지.

그밖에 마음을 편안히 해주는 음악(또는 진정 효과가 있는 사운드트랙이나 자연의 소리)을 따로 준비해 스트레스를 주는 병원의 소음을 차단하는 데 사용하자.

또 뭐가 있을까? 사진기나 비디오카메라를 준비하는 것도 좋다. 여분의 배터리도 준비하자. 아내의 고통을 덜어줄 작은 선물도 빼먹어선 안 된다. 진통이 올 때부터 분만실에 들어설 때까지, 그 뒤 병원을 출발해 집에 돌아올 때까지 메고 있을 수 있도록, 어깨 끈이 달린 작은 가방에 이 모든 것들을 챙겨 넣어라.

비싼 액세서리나 시계, 개인적인 추억이 담긴 물건, 미리 복사해두지 않은 다이어리나 전화번호부, 비싼 옷가지 등 잃어버리거나 손상되면 아까울 것들은 그 무엇도 가져가선 안 된다. 당신의 관심은 오직 아내와 아기의 출산에만 집중돼야 한다. 이렇게 아내를 위해 꼼꼼히 가방을 싸는 경험은 훗날 가족 여행을 떠날 때 적지 않은 도움이 된다. 아내는 그런 당신을 두고, 친구들이나 가족들에게 종종 자랑을 할 것이다. 가까운 사람들에게 센스 만점의 자상한 남편이라는 평가를 받는 건 꽤나 기분 좋은 일이다. 최소한 몸이 무거운 아내가 낑낑대며 짐을 챙기는 것을 옆에서 지켜보기만 하는 어리석은 실수는 저지르지 말자.

내일 아침 무척 피곤할 거라는 불평을 늘어놓지 말고, 연습해볼 수 있어서 좋았다고 생각하자. 진짜를 위한 예행연습 같은 것 말이다. 병원에서 보낼 밤을 위해 가방은 챙겨졌던가? 큰아이와 반려동물들을 위한 준비는 마쳤는가? 병원 가는 길을 잊지는 않았나? 아내에게 얼마나 든든한 존재가 되었던가? 스스로에게 솔직해지자. 어쩔 줄 몰라 우왕좌왕하지는 않았는가? 침착하게 대응했는가?

몇 번째인지 모르지만, 당신 자신과 아내에게 출산 예정일은 어디까지나 대략적일 뿐이라는 사실을 다시 한번 상기시키자. 하지만 이 단순한 사실을 정말로 믿는 사람은 별로 없다. 만약 아내가 패배감을 느낀다면(늦는다는 건 더디다는 뜻이고, 그건 곧 태만하다는 것처럼 느껴질 것이다) 아내는 더욱 초조해질 것이고, 스트레스 역시 커질 것이다. 스트레스는 분만의 최대 적이다. 이런 상황에선 당신이 리드를 해야 한다. 아내의 담당의와 자주 연락을 취하라. 의사는 초음파 검사를 해보자는 제안을 할지도 모른다.

◇ 분만을 촉진하기 위해 섹스를 해보라

가끔은 효과가 있다. 당신의 정액에 들어 있는 옥시토신(진통과 모유 분비를 촉진하는 호르몬의 일종 - 옮긴이)이 진통을 불러올지도 모른다. 또한 아내의 유두를 자극해주면 분만에 필요한 호르몬을 분비하는 데 도움이 되기도 한다. 내 친구 버지니아와 톰 부부가 그랬다.

"분위기를 조성하는 게 쉽지는 않았지."

톰의 말에 버지니아가 덧붙였다.

"내가 마치 한껏 부푼 비행선이 된 기분이었으니까. 하지만 끝내자마자 진통이 오기 시작했고 의사한테 전화를 한 뒤 짐 가방을 차에 싣고 병원으로 갔어."

하지만 또 다른 친구인 마크와 가브리엘의 경우에서 볼 수 있듯이 성공을 보장하진 못한다. 가브리엘은 출산 예정일이 이미 지나 3일째 병원에서 지내고 있었다. 담당 의사는 그날 밤에도 분만이 시작되지 않으면 다음 날 아침 옥시토신으로 유도분만을 시도하겠다고 말했다. 의사가 병실을 나간 뒤 가브리엘이 마크에게 이렇게 말했다고 한다.

"우리, 섹스라도 해야겠어."

하지만 병원에서 섹스를 할 곳이 있겠는가? 간호사가 시도 때도 없이 찾아와 검사를 하는 마당에 병실 문을 잠그거나 침대 주변에 커튼을 칠 수는 없었다. 그렇다고 달리 숨을 곳이 있는 것도 아니었다. 화장실 빼고는 말이다. 마크와 가브리엘은 샤워실에서 사랑을 나눴다. 임신한 이후로 거의 30킬로그램이나 살이 찐 여자에게는 정말 대단한 일이었다! 안타깝게도 진통을 유발하지는 못했지만, 시도한들 나쁠 건 없지 않을까?

반드시 아내의 말만 들어야 한다. 만약 아내의 생각이 틀렸다고 해도, 아내의 말을 믿어줬다는 사실로 점수를 딸 수 있을 것이다. 병원에 근무하는 사람이 당신의 등을 아프게 때리면서 아직 분만할 단계가 아니니 나중에 다시 오라고 한다면, 그 말을 믿기 십상이다. 하지만 믿지 말라. 사실을 아는 건 여자들이다. 그게 진리다. 자기 느낌은 그렇지 않은데, 병원에서 시킨 대로 집으로 돌아왔다는 임신부의 이야기를 친구로부터 들은 적이 있다. 남편이 집 앞에 차를 대자, 그의 아내가 이렇게 말했다고 한다.

"여보, 병원으로 다시 가야겠어. 아기가 나오려고 해."

불행히도 그들은 교통 체증 때문에 오도 가도 못하게 됐고, 결국 그녀는 차 뒷좌석에서 아기를 낳았다. 그 후 응급실 바로 문 앞까지 차를 몰고 갔는데, 그때까지 탯줄도 자르지 못했다고 한다. 병원 관계자가 얼마나 미안했을지 상상이 되는가!

두 번째 분만이 첫아이 때만큼 오래 걸릴 것이라는 추측은 하지 말라. 내 친구 진의 첫 번째 분만 과정은 정말 굉장했다. 가벼운 진통이 4~5시간 지속됐고, 좀 더 심한 진통이 12시간 동안 이어졌다. 그 후에 옥시토신을 맞았지만 다시 12시간이나 걸렸다. 남극에서 코네티컷 북서쪽에 있는 그들의 병원까지 찾아오기에도 충분한 시간이었다. 하지만 두 번째 분만이 시작되는 순간은 판이했다. 그들 부부가 병원에 가기 위해 집을 나서려는 순간, 진은 걸음을 멈추고 남편 프랭크에게 말했다.

"다시 집으로 들어가야겠어. 아기가 나오려고 해."

프랭크는 코웃음을 치며 말했다.

"시간은 충분해. 병원까지 20분밖에 안 걸리잖아."

"지금 아기가 나오려고 한다고!"라고 진이 소리를 질렀다.

프랭크는 응급구조대를 불렀다. 몇 분만에 15명의 응급구조 요원들이 거실을 꽉 채웠고, 진은 담요를 얌전하게 걸친 채 딸아이를 출산했다.

◇ 적어도 개는 분만이 임박했다는 사실을 무시하지 않는다

내 친구 마리나와 칼렙은 양막이 터졌는지 안 터졌는지를 두고 다투고 있었다. 당시 그들이 키우고 있던 '머틀리'라는 이름의 개는 마리나를 따라 소파 위로 뛰어올라(굉장히 보기 힘든 일이다) 아주 부드럽게 그녀를 핥아주기 시작했고(굉장히 보기 힘든 일이다), 화장실에 가는 그녀를 따라갔다(굉장히 보기 힘든 일이다). 마리나가 몸을 닦고 나자 머틀리는 화장지의 냄새를 맡기 시작했고(굉장히 보기 힘든 일이다), 굉장히 특이한 소리를 냈다(굉장히 보기 힘든 일이다). 휴지에는 약간 투명한 분홍색 얼룩이 묻어 있었다. 마리나는 양막이 터진 것 같다고 말했지만, 칼렙은 "아니야, 안 터졌어."라

고 말했다. 그러자 머틀리가 짖었다. 곧바로 마리나는 3분 간격으로 진통을 느끼기 시작했고, 곧이어 2분 간격으로 진통이 찾아왔다. "분만이 시작되려나 봐."라고 마리나가 다시 말했지만, 칼렙은 "가진통이야."라고 주장했다. 그러는 동안 머틀리는 냄새 맡는 것만 빼고 모든 행동을 다 보였다. 마리나는 결국 수화기를 집어 들고 의사에게 전화를 걸어 이렇게 말했다.

"분만이 시작됐다는 걸 남편은 모르는데, 우리 개는 알고 있네요!"

그날 밤 그녀는 아기를 낳았다.

사랑받는 남편이 되기 위한 TIP!

아내의 진통에 대해 메모하라. 진통 횟수와 간격을 적어 의사에게 말려취라. 그리고 이 훈련을 스크랩북이나 임산부 노트북에 담아두면 임신 기간을 추억할 수 있는 감동적인 기념품이 될 것이며, 아내가 실로요마나 친구들과 출산 이야기를 나눌 때 보여줄 수 있는 자료가 된다.

드디어 때가 왔다. 의사에게 소식을 알리자, 병원으로 오라고 한다. 심호흡을 한 뒤 아내에게 이렇게 말하자. "당신 정말 대단해." 또는 "사랑해." 또는 "당신 아주 잘하고 있어."(이 세 가지 모두 말해도 된다.) 그다음 출발할 준비를 하자.

집을 나서기 전 가스레인지를 점검하고, 위험할지 모를 전기 제품은 모두 플러그를 뽑고, 당신과 아내를 위해 챙겨둔 가방을 들고, 해야 할 일의 목록을 살펴보자. 서랍을 뒤져서 자동차 열쇠를 찾은 후, 아내의 팔꿈치를 잡고 문밖으로 나서면 된다. 자, 이제 집 문을 잠그자.

만약 겨울이라면, 아내가 얼음 위를 걸을 때 각별히 주의해야 한다. 아내에게는 모든 게 계획대로 차질 없이 진행되고 있다고 말하면서 안심시켜라. 만약 당신이 운전할 거라면, 아내는 공간이 넓고 안전한 뒷좌석에 태워라. 아내의 안전벨트를 채워주고 가볍게 입맞춤을 해주자. 날씨가 너무 추워 시동이 걸리지 않으면 당황하지 말고 이웃을 부르거나 택시를 불러라.

조심스럽게 운전해야 한다. 길은 잘 알고 있을 것이다. 아기가 곧 태어날 것 같다고 아내가 울부짖는다고 해도 속도를 올려서는 안 된다. 아내와 아기의 생명, 당신의 생명 그리고 또 다른 누군가의 생명을 위태롭게 해서는 안 된다. 사실 당신이 상상하는 것보다 더 많은 시간이 있다.

만약 경미한 사고라도 나면, 길고 긴 분만 과정 동안 당신이 얼마나 멍청했는지에 대해 수도 없이 되풀이해서 생각하게 될 것이다.

무슨 일이 있더라도 사소한 일에 흥분해서는 안 된다. 예를 들어, 신호가 녹색으로 바뀌었는데도 재빨리 움직이지 않고 서 있는 앞 차에 대해 흥분하는 것 말이다. 흥분한 당신을 보면, 아내는 굉장히 겁을 먹을 것이다. 병원에 도착하면 곧바로 주차권을 받아 지갑에 잘 넣어 두고, 아내를 부축해 분만실로 향하라.

택시를 잡아야 할 경우, 두 명이서 동시에 손을 흔들면 성공할 거란 생각은 버려라. 택시 기사는 그냥 지나쳐버린다. 당신 앞에서 택시를 향해 손을 흔드는 사람들이 여럿이라면, 당신의 상황을 설명해보자. 시베리아 감옥에 평생 투옥돼도 싼 인간들이 아니라면, 먼저 타라고 양보할 것이다. 택시를 타면, 침착한 목소리로 기사에게 조심히 운전해달라고 말하라. 아내가 곧 출산을 할 거란 사실은 말하지 않는 게 좋을 수도 있다. 택시 기사가 평소보다 몇몇 코너를 더 빠르게 돌려고 할 수도 있다. 행운을 위해 택시 기사에게 팁을 두둑이 주는 것도 좋다(기사도 신이 나서 다음 손님에게 이 이야기를 전할 수 있을 테니).

병원에 도착하면 빨리 신호를 보내라. 병원 관계자에게 말할 땐 침착하고 평온한 어조를 유지해야 한다. 한 옥타브 정도 올라간 높이라고 해도 말이다.

이제 됐다. 하지만 여전히 모든 걸 제어하는 건 당신이다. 실제로. 이 말을 마음속으로 반복해보자.

'모든 건 내가 제어하고 있다.'

이제 다시 한번 심호흡을 해보자. 이제 거의 다 왔다. 당신은 이제 곧
아빠가 될 것이다.

PART 4
분만실

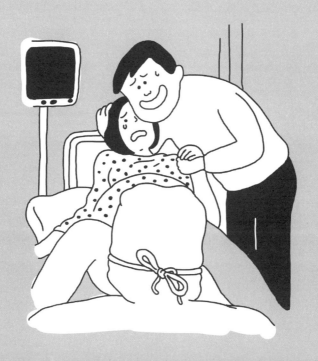

진통이 좀 더 자주 찾아오고 격해질수록, 아내는 처음 느꼈던 환희를 잊고 완전한 공포 상태에 빠져들 것이다. 당신의 손목을 꽉 움켜쥘지도 모르고 뭔가 해달라는 강렬한 눈빛으로 당신을 당황하게 할지도 모른다.

남편이 알아야 할
분만의 모든 것

◇ 아빠라는 이름으로 치러야 할 대가

분만실 앞에는 눈에 보이지는 않지만, 이렇게 적힌 표지판이 있다.

"지금 당신은 환상지대로 들어서고 있습니다."

분만 과정은 실제보다 길거나 짧게 느껴지지만, 그걸 분이나 초 같은 시간 단위로 계산할 수는 없다. 1,000분의 1초의 순간조차 세심하게 느껴지기 때문이다. 아기가 처음 세상에 나온 순간, 아기를 처음 품에 안은 순간, 분만을 마친 아내를 꼭 안아주는 순간, 아내와 서로 머리를 맞댄 채 눈물이(당신의 눈물일까, 아내의 눈물일까?) 뺨을 타고 흘러내려 입안에서 짠맛을 느끼는 순간…… 그런 찰나의 순간들이 더할 나위 없이 크게 확장될 것이다. 단 몇 분이 수일 혹은 수년 같을 때, 당신을 놀라게 하는 공포와 가슴을 찌르는 걱정들.

중요한 건 이 모든 게 끝났을 때 당신의 시간은 두 번 다시 전과 같을 수 없다는 사실이다. 이제부터 당신은 두 종류의 시간관념에 걸쳐 있게 된다. 당신 개인의 시간과 아기와 함께하는 시간이다. 이 두 시간은 전혀 다르다. 혼란스럽겠지만, 그러다가도 고개를 흔들면서 아빠가 되기 위해 치러야 할 대가라는 사실을 깨닫게 될 것이다. 다시 한번 말하지만 아빠가 되기 위해 노력하는 건 그럴 만한 충분한 가치가 있는 일이다.

◇ 정신 차리고 분만실을 제대로 찾아라

분만 병동은 굉장히 어수선한 곳이다. 만일 당신이 분만실 예약 시스템을 이용하려고 한다면, 흡사 카니발 축제가 열리는 리오에서 호텔을 예약하는 것보다 더 혼란스러울지 모른다. 애초 계획했던 것과 달리 뜻하지 않은 상황이 곧잘 발생한다. 내 친구 부부는 처음부터 욕조가 딸린 분만실을 원했지만, 실제 출산일에는 욕조 없는 분만실을 배정받고 말았다. 욕조 없이는 아이를 낳을 수 없다고 강력히 항의했지만 되돌아온 말은 너무 뻔한 준비된 답변뿐이었다. 평소보다 훨씬 더 많은 출산이 진행되는 날이라(9개월 전, 대기 중에 이상한 성분이라도 있었나보다), 욕조가 있는 분만실은 예약이 꽉 찼다는 것이었다.

내 친구는 아내가 배에 물이 흐르는 느낌을 받아야 진정이 된다는 사실을 알고 있었기에, 욕조가 있어야 한다고 주장하고, 주장하고, 또 주장했다. 결국 그들은 호텔 스위트룸 같은 분위기에 욕조까지 있는 분만실을 배정받을 수 있었다. 친구의 노력은 큰 효과를 발휘했고, 그의 아내는 남편 덕분에 안심할 수 있었다.

중요한 건 이거다. 요구하라. 압력을 넣어보라. 하지만 예의는 갖춰야 한다.

◇ 창피해하지 말라. 피 보는 게 무서운 남자는 당신뿐만이 아니다

남자라면 엄청난 양의 피를 보고도 멀쩡해야 할 것처럼 생각된다. 최근 본 액션 드라마나 전쟁 영화를 떠올려보라. 남자 주인공이 유혈이 낭자한 싸움터를 아무렇지도 않게 활보한다. 만일 가까이에 여자 주인공이 있다면, 그는 그녀의 가녀린 뒷덜미를 자기 가슴에 끌어당기고는 눈을 가려주면서 말한다.

"이런 건 당신이 보면 안 돼."

여기에 내포된 메시지는, 유혈이 낭자한 장면만으로는 이 남자의 마음에 아무런 동요도 불러일으키지 않는다는 것이다. 하지만 어디까지나 영화에서나 볼 수 있는 장면이다. 사실 남자들 중 꽤 많은 수가 아주 약간의 피만 봐도 어질어질한 느낌을 받는다. 여자보다 비위가 훨씬 약해 헛구역질을 하는 사람도 많다. 하물며 분만실에서라면 훨씬 더 심하지 않을까? 당신은 결국 이런 질문을 하게 될 것이다.

'내가 꼭 분만실에 있어야 할까?'

이해한다. 과연 끝까지 버텨낼 수 있을지 확신이 서지 않을 것이다. 하지만 아내가 당신에게 뭘 기대하는지도 알 것이다. 그러니 인생에 있어 이렇게 중요한 순간을 포기하기 전에, 스스로를 극복해야 하는 건 아닌지 생각해보라. 당신의 아기가 태어나는 순간을 지켜볼 수 있는 유일한 기회다. 힘들더라도 놓치지 않아야 하지 않을까?

또 하나, 잊지 말아야 할 것이 있다. 다른 액체와 피를 혼동하지 말아야 한다. 몸에서 뿜어져 나오는 모든 액체가 피로 보이겠지만, 사실 그중 일부는 피와 섞인 다른 액체일 뿐이다. 사실 대부분의 남자는 피가 어떤 색인지조차 잘 모른다. 갈색 빛이 나는 건 다른 액체와 섞여 있는 혈액이고, 선명한 붉은색만 진짜 피다. 이걸 혼동한 남편은 아내가 출혈 과다로 죽을지 모른다는 생각에 공황 상태에 빠질 수 있다. 아내의 몸이 출혈에 대비해 미리 여분의 혈액을 만들어 놓았다는 사실은 쉽게 잊어버리고 말이다. 만약 정말 걱정이 된다면 억지로 참지 말고 의사에게 물어보자.

◇ 아내의 입원 기간은 분만법에 따라 다르다

보통은 자연분만일 경우 이틀, 제왕절개 수술을 받았을 경우 닷새 정도다. 마지막 날(특히 퇴원 수속을 밟는 과정)을 제외하면 나머지 기간은 눈 깜짝할 새에 지나갈 것이다. 이 기간 동안 당신은 육아와 관련된 강좌를 들으면서 질문할 수도 있고, 간호사 한 명을 친구로 사귀어 둘 수도 있다. 아내에게 선물도 사주고, 친구와 가족들에게 전화도 하고, 신생아실 창밖에서 아기가 자고 있는 모습도 지켜보자. 이 세상에, 그리고 당신의 아내와 아이에게, 사랑한다고 말하라. 그리고 집으로 가면 개에게 밥을 주고, 주유소에도 가고, 유아용 카시트가 제대로 설치됐는지도 확인하고, 냉난방이 잘 되고 있는지도 확인하자.

◇ 아기의 탯줄을 직접 자를 것인지 미리 결정하라

직접 탯줄을 자르겠냐고 의사가 물어볼 때, 헛기침을 하거나 우물거리지 말라. 그 순간이 닥치기 훨씬 전에 아내에게 당신이 뭘 원하는지를 말하고, 아내는 뭘 원하는지를 물어라. 탯줄을 자르는 행위에는 부인할 수 없는 상징적인 의미가 담겨 있다. 모든 것을 엄마에게 의지하던 당신의 아이를 별개의 존재로 인식하는 순간인 것이다. 그런 일은 안중에도 없는 남자도 있고, 그 순간을 두고두고 추억하는 남자도 있다.

당신을 주저하게 만드는 의문은 아마 이런 것들일 것이다. 피가 날 것 인가? (의사가 탯줄을 제대로 조여도 잠깐 동안 피가 뿜어져 나올 수 있다. 하지만 심각한 건 아니다.) 혹시 사고로 인해 탯줄이 아닌 걸 자르게 되진 않을까? (그럴 가능성 은 거의 없다.) 아내의 일부를 자르게 되진 않을까? (그럴 가능성은 거의 없다.) 혹 시 내가 기절하진 않을까? (그럴 가능성은 거의 없다.) 인체의 일부를 자르는 느낌이 끔찍하진 않을까? (그럴 가능성은 거의 없다.) 생각했던 것보다 훨씬 쉬 운 일일까? (아마도 그럴 것이다.)

◇ 태반을 직접 볼지 말지를 미리 결정하라

우리는 첫 출산 때, 우리 아기를 키워준 것이 무엇인지 궁금했고 그걸 자세히 오랫동안 관찰하고 싶었다. 그래서 분만실에 있던 모든 관계자에 게 이를 알렸고, 한 간호사가 태반을 납작한 팬에 담아서, 추수감사절에 칠면조 요리를 내올 때처럼 격식을 갖춰서 우리가 있는 곳으로 다가왔다. 하지만 간호사가 발을 헛디디는 바람에 쟁반이 기울어졌고, 태반은 '픽' 하는 소리와 함께 바닥에 떨어졌으며, 한참 덜 익은 달걀프라이처럼 온 바 닥에 널브러졌다. "저런!" 하고 내가 외쳤다. 당황한 간호사는 태반을 다 시 주워 담는 데 꽤 오랜 시간을 보내야 했다.

1 예상했던 것보다 분만이 늦게 진행되더라고 해도, 아내에게 "왜 그렇게 시간이 걸린 거야?"나 "지금쯤 병원에 온 보람도 없잖아."라는 말은 절대로 하지 말라.

2 아내가 못 견디겠다며 어리광 얼굴을 찡그려도 아쉬워하지 말라. 짜증스럽다는 비난을 짙은 포화처럼 쏟아낼 테니까.

3 아내가 싫어하더라도 아픈 것 시원하도록 돕는다는 말이나, 힘이 없어도 그동안 잘 참아낼 수 있을 거라는 말은 하지 말라.

4 수면을 낭장하으로 만들지 말라. 분만 시의 이심은 수면이 이수심한 긴 정정히 싫어한다.

5 업무적인 대화를 하거나 명함을 주고받거나 질문을 받지도 말고, 당신의 직업이 무엇인지 입 밖에 꺼내지도 말라. 휴대 전화도 안 된다.

6 분만실에 음식이 가능 냄긴 사방을 가지고 들어오지 말라. 맛이 기가 막힌 샌드위치도 안 되고, 껌이나 도넛이나 쿠키도 안 된다.

7 카메라에만 정신이 팔려 있으면 안 된다.

8 산부인과 의사나 병원 관계자에게 소리 지르지 말라(아내가 원한다면 또 모르지만).

9 울어야 할 상황에서 웃지 말라. 너무 긴장해서 그런 것이라 하더라도, 타이밍을 제대로 못 맞췄을 뿐이라는 당신의 말을 아내는 믿지 않을 것이다.

10 아기를 혼자 독차지하지 말라(아기를 안아보는 걸 꺼려하는 증상과 정반대 증상이다). 아내가 "자기, 나도 우리 아기 좀 안아보게 해주지?"라는 말을 하게 만들면 안 된다.

진통부터 출산까지,
든든한 남편으로 거듭나기

◇ 어찌 됐든 분만 과정은 아내에게 굉장한 충격이다

당신의 아내는 예상치 못했던 일들로 인해 숨이 멎을 것 같고 정신이
멍하기도 할 것이다.

사실 처음엔 당신과 당신의 아내 모두 거의 끝날 때가 되었다는 사실
에 안도할 수 있다. 하지만 진통이 좀 더 자주 찾아오고 좀 더 격해질수
록, 당신의 아내는 처음 느꼈던 환희를 잊고 완전한 공포 상태에 빠져들
것이다. 당신의 손목을 꽉 움켜쥘지도 모르고 뭔가 해달라는 강렬한 눈

빛으로 당신을 당황하게 할지도 모른다.

또한 당신의 아내는 지난 9개월간 보아온 당신 내면에 있는 무언가를 다시 한번 확인하고 싶을 것이다. 정신력, 판단력, 침착함, 내면의 강인함 등 말이다.

그와 동시에 그녀는 자신의 신체가 일으키는 촉박한 경련에 몸을 내맡긴 채 힘을 주면서, 자신의 몸이 발산하는 에너지에 집중해야 한다. 분만 수업에서 배운 (아마도 잊어버렸을) 호흡법을 이용하게 하는 것도 중요하지만, 당신이 가장 우선적으로 해야 할 일은 아내를 진정시키는 것이다. 아주 잘하고 있다고 말해줘라. 정상적인 분만통과 산부인과 의사가 알아야 할 고통을 구분해야 한다. 자신의 능력이 부족하다고 느낄지도 모르지만, 분만 과정의 자연스러운 리듬이 당신의 아내에게, 그리고 당신에게 신호를 보낼 것이다.

분만 과정의 처음 몇 분 동안, 나는 분만이 내가 상상한 것보다 훨씬 더 육체적인 일이라는 사실을 깨달았다. 아내에게 실제 상황이 분만 수업에서 배운 것과 너무 다르다고 농담을 던지자 아내는 그 말에 동의하며 내 손을 꽉 쥐었다. 우리는 간호사가 내리는 지시 사항을 주의 깊게 들었다.

"제가 왼쪽 다리를 잡을 테니, 남편분이 오른쪽 다리를 잡아요. 자, 이제 '셋' 하면 힘주세요."

기다리고, 준비하고, 기대하던 시간들이 지나고 이제 출산이 임박했다. 생명의 정점에 있는 그 순간을 경험하다보면 경외감을 느끼지 않을 수 없다. 이 순간에 비하면, 당신 인생의 모든 것들은 사소해 보일 뿐이다. 일상생활의 모든 하찮은 일들이 마치 다른 사람의 일처럼 느껴지고, 당신 이전에 존재했던 또 다른 당신이 이 분만실로 걸어 들어온 것 같은 느낌이 들 것이다.

분만 과정 동안 당신은, 아내와 바깥세상을 연결해주는 든든한 연결고리가 되어야 한다. 부모님이나 처가 어르신들에게 전화할 때는 분만 과정에 대해 정확히 설명하자. 단, 심각한 세부사항은 건너뛸 줄도 알아야 한다. 자신감을 보여드려라. 그분들의 걱정을 이해해드리면서 모든 게 예상했던 대로 잘 되고 있다는 확신을 심어드려라. 새로운 소식을 전해주기로 약속하는 시간은 여백으로 남겨 두는 게 좋다. 소식이 늦어도 걱정할 필요는 없다는 말도 해드리고, 아내가 사랑한다는 말을 전해 달라고 했다는 말도 잊지 말자.

단, 정신이 없는 순간에는 전화를 하지 않도록. 내 친구 중 하나는 남편이 시부모님에게 전화를 걸어 이렇게 말했다고 한다.

"병원에 왔는데요. 이제 곧 아기가 태어날 거예요. 병실을 등록한 이름이 뭐냐면요……"

그러고는 부모님에게 자신의 이름은 물론, 이름의 철자까지 말해줬다고 한다!(과연 철자를 맞게 말하긴 했을까?)

자연스럽게 시작된 분만 과정보다 더 아플지도 모른다(어쨌든 내가 아는 여자들은 모두 그렇게 말했다). 게다가 아내는 자신이 결승점을 통과하지 못했다고 느낄 것이다. 자연스러운 분만은 양수가 터지는 것부터 시작한다. 양수가 터지지 않으면 의사는 출산을 유도하는 호르몬 옥시토신을 보충하기 위해 유도분만 촉진제 피토신을 주사한다. 의사는 이것을 매우 쉽게 생각하지만, 이런 과정을 겪은 아내와 여자 친구들은 절대 그렇게 생각하지 않을 것이다. 여성은 자신의 신체가 지닌 현명함에 대해 단호한 믿음을 가지고 있다. 피토신은 그런 믿음을 훼손하는 것처럼 느껴질 것이다.

내 아내는 두 번의 출산 때 모두 담당 의사로부터 유도분만 이야기를 들었다. 당시 아내는 임신 기간 중 그 어느 때보다도 심각해졌다. 아내의 눈에는 싸늘한 공포감이 스며들었고, 피부는 바짝 긴장했다. 그 순간 거의 반사적으로 아내는 자신의 몸이 분만을 시작하도록 만들었다. 스트레스 때문에 분만이 늦어지기도 하고, 공포 때문에 분만이 촉진되기도 하는 걸까?

분만 촉진제를 맞아야만 한다면, 일단 아내를 확실히 안심시켜라. 하지만 아내가 너무 고통스러워하면 경막외마취를 시도하는 방법도 있다. 아내가 집 안에서 성경을 찾으며, 가슴에 손을 올리고 했던 자연분만에 대한 약속들은 모두 잊어라. 일반적인 고통과 분만의 고통은 비교의 대상이 아니다. 대부분의 여성은 매달 겪는 생리 때문에 고통에 익숙해져 있다고 생각하지만, 분만의 고통은 그들의 고통 목록에 존재하지 않는다. 요즘에는 경막외마취가 훨씬 더 효과적이다.

"수년 전에는 마취를 받은 산모들이 제정신이 아니었어요."

아내의 두 번째 산부인과 의사가 이렇게 말을 했었다.

"과거 경막외마취제에 들어 있던 성분은 거의 환각제나 마찬가지였죠. 하지만 최근에 마취를 받은 산모들은 멀쩡한 상태를 유지하기 때문에 남편들의 걱정도 한결 줄어들었어요."

만약 당신이 고통 속에 있는 아내에게 자연분만을 약속했다는 사실을 상기시킨다면, 앞으로 윤택한 생활을 기대하긴 어려울 것이다. 아내는 고통을 못 이겨 눈이 돌아간 상태에서 약을 달라고 애걸할지도 모른다. 그러면 "바로 갖다 줄게."라고 대답하고 의사를 불러서 약을 주문해야 한다.

경막외마취제가 모두 똑같은 건 아니다. 내 아내가 첫 분만을 할 때에는 마치 일부러 간격을 두고 약을 투여하는 것 같았다. 계곡의 정상과 바닥을 오르내리는 것처럼 아무것도 느끼지 못하는 상태와 고통스러운 상태가 반복됐던 것이다. 디지털 측정기의 수치가 갑자기 치솟고, 의사나 간호사가 기분이 어떠냐고 물을 때 아내가 아무 느낌 없다고 답하는 걸 보고 굉장히 섬뜩했다. 잠깐 동안은 아내의 허벅지에 연애편지 한 통을 문신으로 새겨도 아내가 아무것도 느끼지 못할 거라는 생각을 하기도 했다(짐작하겠지만, 이런 상태는 결코 아기를 출산하기에 좋은 상태가 아니다).

마취의에게 아내의 상태에 대해 말해주는 건 당신이 해야 할 일이다. 호의적이면서도 단호하게 말하고, 최상의 결과를 위해 아내의 생각을(히스테릭한 부분은 빼고) 정확히 전달해야 한다.

아내가 둘째를 낳을 때 맞은 경막외마취제는 훨씬 효과적이었다. 아내는 근육에 대한 통제력도 잃지 않았다. 첫 번째처럼 제왕절개를 하지 않고 자연분만을 할 수 있었던 것도 일부는 그 때문인 것 같다.

◇ 아내에게, 당신 기분을 잘 안다는 말은 절대 하지 말라

왜냐하면 절대 알 수 없을 테니까!

"여보, 난 당신이 어떤 기분일지 너무 잘 알아."라는 말만큼 아내를 화나게 만드는 말도 없다. 퍽!(가장 가까이에 있던 물건으로 당신의 머리를 때리는 소리)

아내는 그런 말이 터무니없는 허풍이란 걸 잘 안다. 분만은 당신이 느끼는 고통보다 훨씬 큰 고통을 아내에게 안겨준다. 그녀는 정말로 아픈 것이고 당신은 그저 움찔하는 것뿐이다. 아내는 지금 자신의 몸에 일어나고 있는 일을 이해하기 위해 노력하는 중이다. 약을 맞지 않아 견딜 수 없을 만큼 고통이 심각하든, 약 때문에 고통이 씻은 듯 사라져버려 아무

것도 느낄 수 없는 상태에서 그 이유를 궁금해하든 말이다.

한번 생각해보자. 출산의 고통은 그 모양과 위치를 바꾸면서 끊임없이 변하기 때문에 잡을 수도 없고, 우리에 가둘 수도 없다. 따라서 그 어떤 여성도 자신이 겪게 될 고통이 어떤 것인지 알지 못한다. 당신의 아내는 이미 네일숍에서나 헬스클럽에서 들은 전쟁 일화 같은 분만 이야기로 인해 판단력이 흐려진 상태다. 이런 루머들은 수개월 동안 그녀의 머릿속을 맴돌았다.

그녀는 절반쯤은 자신이 해낼 수 있을 거라고 생각하면서도 절반쯤은 그러지 못할 거라고 생각한다. 끊임없이 들어온 "그런 경험은 두 번 다시 못 하지."라는 말을 어떻게 해석해야 할지 계속 생각해보지만 결국 이해하지 못한다. 게다가 그 어떤 여성도 분만 이후에, 그 고통을 적절한 단어를 사용해 제대로 표현하지 못한다. 결국 선택하게 되는 단어는 '극심한' 또는 '놀라운' 또는 '믿을 수 없는' 또는 '형용할 수 없는'과 같은 애매한 단어이거나, 너무나도 당연한 "정말, 정말, 정말 아프다."라는 말뿐이다.

어떤 느낌인지 당신은 결코 알 수 없다. 그게 진리다. 그러니, 아내에게 우아함을 요구하지 말라. 열댓 명의 간호과 학생들이 쳐다보는 가운데, 다리를 활짝 벌린 채로 복도를 지나 실려 나가는 아내의 모습을 가리고 싶은 마음은 이해한다. 하지만 눈에 있는 핏줄이 튀어나올 만큼 힘을 주고 있는 아내는 그런 것에 신경 쓸 겨를이 없다. 그런데 왜 당신이 신경을 쓴다는 말인가?

분만이 가진 여러 특징 중 남자들을 가장 당황하게 만드는 것은, 분만이 굉장히 사적인 일이면서도 너무나 공개적인 과정이란 것이다. 아내가 발가벗겨진다는 사실에 고민할 필요가 없다. 그저 우리의 일상에서 자연스럽게 일어나는 축하할 일이라고 여겨라. 가능하다면, 정상적인 생활이라는 게 얼마나 비정상적일 수 있는지에 대해 웃어보라(물론 혼자서만).

◇ 만약 모든 게 효과가 없다면

중력의 도움을 받아보라. 의사나 간호사가 허락한다면, 아내를 분만대에서 일으켜 바닥에 쪼그려 앉게 해보라. 몇몇 여성은 이 방법이 즉효가 있다고 말한다. 말이 되는 일 아닌가? 아내에게 위쪽으로 힘을 주라고 할 게 아니라, 아기가 미끄러져 내려오도록 하는 것이다. 회음절개술도 보는 것만큼 나쁘진 않다. 보기에는 물론 심각하게 느껴질 수 있지만.

이제 당신은 진통 과정도 넘겼고 분만 과정도 의기양양하게 거의 끝마쳤다. 아내를 도와줬고 아기의 정수리도 보이기 시작했으며, 아내를 포옹해주고, 아내와 아기를 향한 당신의 사랑을 표현하기도 했다. 그런데 갑자기 '슥삭' 하는 소리와 함께 회음절개술이 시작되고 순식간에 다량의 혈액이 쏟아져 나온다. 그러면 당신은, 아기가 이렇게 아내의 회음부를 손상시키면서 나왔다는 사실에 가슴 아파하게 된다('조금만 더 기다렸다면……'이라는 생각과 함께).

혹시나 아내의 회음부가(그리고 당신 부부의 성생활이) 완전히 망가져버린 건 아닌지 걱정될 것이다. 하지만 때를 놓치지 않고 회음절개술을 해야만 질 근육 손상을 막을 수 있다. 쉽지 않겠지만 마음을 편히 먹으려고 노력해보자. 그리고 의사가 아내의 회음부를 다시 봉합하는 장면은 되도록 이면 보지 말자. 정말 참기 어려운 광경이니까(믿어도 좋다. 난 봤다).

아내는 회음절개술 때문에 속상해할 것이다. 그리고 절개 부위가 모두 나아도 흉터 때문에 여전히 우울해할지 모른다. 분명한 건 분만실에서는 당신 마음이 괴롭겠지만, 나중에는 아내의 마음이 더 괴로울 것이라는 사실이다. 이건 자신감과 관련된 문제다. 아내는 자신의 몸을 만질 때마다 그 상처를 느끼게 될 것이다. 만약 나중에라도 아내가 당신에게 절개 부위의 흉터가 느껴지냐고 묻는다면, 필연코 아니라고 대답해야 한다.

◇ 재빠르게 몇 장의 사진을 찍어라

그렇다고 분만 과정을 찍는 데만 정신이 팔려 직접 경험하는 걸 놓쳐서는 안 된다. 플래시도 터뜨리면 안 된다. 의사의 눈에 별이 보이면 안 되니까. 자동카메라가 아니라면 조리개는 최소로 하고, 셔터 속도는 60

분의 1초로 맞추는 게 좋다. 만약 비디오카메라를 가져왔다면, 당신이 다음 세대의 최고 감독이 될 필요는 없다는 사실을 기억하라. 또한 비디오 카메라를 눈에 붙여 놓은 듯 행동하지 말라.

아기가 태어나는 순간은 오직 한 번뿐이다. 카메라의 조리개나 배터리를 걱정하느라 그 순간을 망치지 말자. 눈으로 직접 봐야 한다. 모든 세부 사항들이 당신의 마음과 영혼에 새겨지도록 하라. 사진과 영상을 보는 건 아주 가끔이겠지만, 당신이 직접 본 현실은 마음으로 찍은 사진으로 남아 평생 동안 당신과 함께할 것이다.

당신의 아내는, 정말이지 기진맥진한 상태로, 난생 처음 겪어본 극도로 심한 육체적 고통을 잠시 잊고, 한숨을 돌리려 노력하고 있다. 아마 당신도 온 신경을 바짝 곤두세우고 있을 것이다.

잠시 심호흡을 해보자. 아마도 당신은 긴 시간 동안 숨도 제대로 못 쉬고 있었을 것이다. 이제 아내와 아기와 함께 나눌 수 있는 감정의 연결 고리를 만들어보자. 아내는 자연분만을 했든 제왕절개를 했든 신체의 일부를 봉합했기 때문에 포옹이나 키스가 싫을 수도 있다. 하지만 일단 손을 잡는 것부터 해보자.

아내에게 기분이 어떠냐고 물어봤을 때, 출산 과정을 완전히 잊어버린 것처럼 반응한다고 해서 놀라지는 말라. 여성들이 아이를 하나 이상 낳게 하려고 일부러 신이 이렇게 만든 건지도 모른다. 아내는 홍조를 띤 얼굴로 이렇게 말했다.

"우리, 하나 더 낳자."

아내는 봉합수술을 받고 있었다. 지친 기색이 역력했지만 아내의 얼굴엔 설렘이 있었다. 나는 당황스러운 마음에 잠시 할 말을 잃었지만, 이내 정신을 가다듬고 고개를 끄덕이며 이렇게 말했다.

"당신이 원한다면 얼마든지."

우리 부부가 부모로서 일치된 마음을 갖게 된 순간이었다. 그 순간에

몰입하도록 노력해보라. 의학적인 절차에 사로잡히지 말자. 나는 내 품에 안고 있던 아기를 갑자기 데려가서 각종 검사를 하고 약물을 투여할 거라는 사실을 미처 몰랐다. 첫째 때도 그렇고 둘째 때도 마찬가지였다. "이봐요, 우리 아기라고요! 좀 조심스럽게 다뤄주세요!"라고 소리치고 싶었다. 하지만 병원에서는 선택권이 별로 없다. 그리고 모든 의학 절차는 아기를 위한 것이라는 사실을 명심하자.

아기가 세상에 처음 태어난 이후의 몇 분 동안은 각별한 관심을 쏟아야 한다. 아기의 모습을 마음에 새겨 놓아라. 여생 동안 그 모습을 끊임없이 떠올리게 될 것이다. 나 역시 수년이 흐른 후에도 아기가 태어난 그 순간을 떠올리곤 했다. 지금도 나는 아이들이 장난을 치거나 미끄럼틀 위로 올라가는 걸 보고 있을 때, 혹은 바다의 수평선 너머로 해가 지는 걸 보고 있을 때면 아이가 처음 보여준 행동이나 표정, 반응, 태도 등을 떠올리게 된다.

다시 한번 강조하고 싶다. 이제 막 태어난 아기는 모든 것을 가지고 있다. 아기의 손가락과 발가락을 세어 보는 자신의 모습이 바보 같다고 생각하지 말라. 부디 내 조언을 읽기 싫은 책의 지루한 서문 정도로 치부해버리지 말았으면 한다.

◇ 아기를 위해 그날의 뉴스를 스크랩해둬라

장모님은 우리 부부에게 아들이 태어난 날짜의 신문 첫 장을 스크랩해두라고 하셨다. 하지만 그건 부모님 세대의 일이고 요즘에 종이 신문을 읽는 사람은 거의 없을 거다. 신문 대신 다른 걸 남겨보면 어떨까. 급한 대로 휴대전화나 컴퓨터로 그날의 뉴스를 검색해 화면을 저장해둔다거나, 조금 성의를 보여 올해 출시된 보관 가능한 물건을 남겨두는 것이다. 무엇이든 아기가 태어난 순간과 함께할 만한 것이면 된다. 아기 탄생을 기념한 일종의 타임캡슐을 남겨보는 것이다. 훗날 아이를 위한 아주 좋은 이야깃거리가 된다.

◇ 인정하자. 당신은 지칠 대로 지쳤다

아기를 직접 낳은 건 아니지만 당신은 바로 그 현장에서 아내를 격려하고, 이끌어주고, 자신감이 생기도록 도왔다. 아내가 출산 과정에서 당신의 가슴을 발로 차는 바람에 구멍이 날 뻔했는지도 모르겠다. 결국 당신은 의사와 간호사들, 아내와 함께 그 힘든 과정을 이겨냈다. 아기의 탯줄을 잘랐고 아기를 안아주었다. 그런 일련의 과정에서 당신의 기분은 마구 솟구치다가 잠깐 떨어지고, 또 다시 상승했다가 급강하하기를 반복했을 것이다.

아내와 아기가 잠들면 당신도 집으로 향하라(장모님이나 아내의 친구들에게 미리 부탁해놓고). 집에 도착했다면 우편물을 챙기되 청구서는 열어보지 않는 게 좋다. 행여 밀린 업무 전화를 할 생각은 절대 하지 말라. 얼른 불을 끈 뒤 잠을 청하자. 잠깐이라도 쉬는 시간이 있어야 다시 또 힘을 내 아내와 아기를 돌볼 수 있다.

병원에 머무를 때
이것만은 명심하자

◇ 절대 병원에서 일하지 말라

당신은 이미 아내의 분만 과정을 돕는 일을 하고 있다. 그러니 아내가 아이를 낳는 동안 병원 의자에 앉아 업무 일정을 고치지도 말고, 휴대전화로 연락하지도 말고(복도에서 친척들에게 간단히 소식을 전하는 게 아니라면), 당신이 어쩌지도 못하는 작은 일들을 가지고 왈가왈부하지도 말라.

아내의 입장이 되어 상상해보자. 당신은 분만대 위에서 양다리를 벌린 채 누워 있고, 눈이 튀어나올 만큼 고통을 겪고 있는데, 당신의 남편은 직장 동료로부터 온 '긴급' 전화를 받고 있다면?

지금 당신 아내의 혈관에는 평소보다 10배쯤 되는 호르몬이 공급되고 있고, 그것마저 병원에서 준 약들과 섞여 있는 상태다. 온전한 정신을 유지하기가 쉽지 않다는 소리다. 따라서 당신 아내는 당신의 '직장 동료'라는 인간이 육감적인 몸매와 커다란 눈, 금발머리를 가지고 있고, 미혼인데다가 놀랄 만큼 아름다운 스물넷의 여자 부하 직원이라고 생각할 것이다. 이제 아내의 머릿속에는 금발머리 여자가 하는 말이 들리기 시작한다.

"말해 봐요. 아기를 낳으면 좀 아픈가요?"

그러자 남편은(바로 당신 말이다!) 이렇게 말한다.

"아니, 그다지 아프진 않아. 어쨌든 간에 내가 여기 있으니까."

이내 당신의 아내는 가장 가까운 곳에 있는 육중하고 날카로운 물건을 당신 머리를 향해 내던지고 싶어질 것이다.

그 이후의 시나리오는 아주 좋아봤자 이럴 것이다. 아내는 자신의 여자 친구들(그리고 당신의 어머니)에게 분만실이 얼마나 끔찍했는지에 대해 앞으로 60년간 계속해서 말할 것이다. 남편이 얼마나 무심했는지, 아픈 자기를 두고 얼마나 오래 휴대전화를 붙들고 있었는지에 대해서도 빼놓지 않고 설명할 것이다.

겁이 나는가? 다행이다. 다시 한번 말하지만, 일과 연관된 통화는 절대 금물이다.

◇ 흘러가는 대로 그냥 내버려두자

당신이 다음에 뭘 해야 할지를 알려주는 신호를 찾아보는 건 좋지만, 혼자 머릿속에 그려봤던 분만 과정과 실제의 분만 과정을 계속해서 비교해보지는 말라. 모든 출산 과정은 하나하나가 저만의 개성이 있다. 그러니 당신 상상대로 분만 과정이 진행되리란 생각은 안 하는 게 좋다.

◇ 의사가 집중할 수 있도록 도와라

내 전쟁 일화는 이렇다. 아내의 첫 번째 진통은 서른 시간 동안 지속됐다. 하지만 그건 거의 고통이 없었던 진통 초기 단계까지 계산한 것이다. 병원에 가니 여러 간호사가 분만실에서 우리를 도왔고 우린 그게 너무나 고마웠다. 하지만 분만이 한창 진행 중일 때 의사는 아내를 이렇게 꾸짖었다.

"힘을 주시라니까요! 내 시간도 낭비하고 부인의 시간도 낭비하고 있잖아요! 정말 겁쟁이시군요!"

그러더니 장갑을 벗어던지고는 분만실을 나가버렸다.

"힘을 줄 준비가 되면 다시 오지요."라는 마지막 말을 남긴 채. 마지막 1시간 동안 그의 어조는 공격적이었다가 음울했다가 피곤하기도 했다가 거칠어지기도 하는 등 계속해서 변했다. 아내는 이렇게 중얼거렸다.

"이게 시간 낭비라니, 받을 돈은 다 받고 있으면서……."

난 갑자기 서부 개척시대 영화에 나오는 총잡이라도 된 기분이었다.

"어이, 여보시오!"

난 그에게 손가락질을 해대며 이렇게 말해야 하는 것이었다.

"감히 내 아내를 그렇게 모욕하다니, 더 이상은 견딜 수 없소! 밖으로 나가서 남자 대 남자로 이 문제를 해결합시다!"

하지만 이건 영화가 아닌 현실이었다. 무엇보다 아내와 아기의 건강이 달려 있었다. 난 그 의사가 자신이 고안해낸 방법의 일환으로 아내의 발치에 불을 질러 놓는, 일종의 엉터리 심리학을 썼다는 걸 알았지만 그 방법은 통하지 않았다. 아내의 감정은 순식간에 변했다. "나쁜 자식, 마음대로 하라 그래!"에서 "완전히 망했어."였다가, "의사한테 버림받았어."에서 "우리 이제 어떻게 하지?"가 됐다가 결국 "당신 이제 어떻게 할 거야?"로 바뀌어갔다.

나는 아내의 담당 의사가 어디 있는지 수소문했다. 그리고 복도에서 마주친 의사에게 아내가 이제 힘을 잘 줄 거라고 열심히 변호하면서, 사소한 말다툼은 잠시 접어두자고 말했다. 그리고 약 때문에 아내가 근육에 제대로 힘을 줄 수 없는 건 아닌지, 우리가 이제 어떻게 하면 되는지 물었다. 그렇게 기분이 상한 의사(아내도 아니고!)를 달랜 다음, 악수까지 한 후에 다시 차근차근 해보자고 말했다.

분만실로 돌아온 나는 혼자 속으로 좋아했다. 오랜 기간 동안 담당 의사를 좋아했던 아내의 기분이 180도 변했다는 사실에. 아내는 어금니를 꽉 깨물면서 "아기 낳고 나면 이 의사한테 다시는 진료 안 받을 거야."라고 말했다. 나는 아내에게 "그래, 바꿔버리자. 그래도 조금만 신경 쓰면 제 능력을 보여주게 만들 수 있을 거야. 이번 일은 그냥 넘기자고."라고 속삭였다. 우리는 세상을 상대로 우리만의 외로운 싸움을 하고 있었던 것이다. (남편들이 좋아하는 바로 그런 방식으로 말이다!)

의사가 다시 분만실로 들어와서 아내의 진척 상태를 살피고는 불길한 표정으로 고개를 젓더니, 체념한 듯 이렇게 말했다. "아직 하나도 진전이 안 됐어요."

결국 최후의 선택은 제왕절개 수술이었다. 의사는 수술 준비를 할 때까지 20분 정도가 걸린다면서 그동안 좀 쉬고 있으라고 말했다. 나는 침대 발치 쪽 바닥을 닦은 후, 웅크려 앉았다. 그러고는 곧바로 내 평생 가장 깊은 잠에 빠졌다. 잠에서 깨어 보니 아내는 굉장히 낙심한 표정이었다. '그 고생을 하고 결국 제왕절개 수술을 한단 말인가?'라고 생각하는 게 분명했다. 아내에게 나는 이렇게 말해줬다.

"당신이 실패한 게 아니야. 최선을 다했잖아. 이렇게 될 줄도 정말 몰랐고."

수술 준비를 마친 의사는 내게 수술 장면을 보면 안 된다고 경고하면서 아내의 머리 쪽에 가 있으라고 했다. 작은 커튼이 드리워져 있어서 아내는 자신의 윗배 아래로는 아무것도 볼 수 없었다. "설마 당신, 그걸 보고 있는 건 아니지?"라고 아내가 물었지만, 사실은 보고 있었다. 의학에 대한 내 공포심을 꼭 필요한 순간에 극복했다고 할까. 놀랍게도 제왕절개 수술은 아름다웠고, 평화롭기까지 했다. 게다가 깜짝 놀랄 만큼 빨리 끝났다. 처음부터 끝까지 대략 5분 정도밖에 걸리지 않았다.

그리고 드디어 아이의 첫 울음 소리와 함께, 아주 건강한 딸아이가 태어났다는 말이 들렸다. 아내는 내 손을 꽉 쥐었고, 난 아이를 받아 안기 위해 움직였다. 그리고 이어지는 격한 감동의 물결. 안도감과 환희. 마치 유체이탈이라도 하듯, 내 영혼이 몸으로부터 빠져나와 그곳의 모든 사람들을 보고 있는 것 같았다. 아내와 아기를 향한 한없는 사랑도 느껴졌고, 이름을 전부 외우지는 못했지만 수술복을 입은 의사와 간호사 모두에게 너무 감사했다. 마스크에 가려 입은 볼 수 없었지만, 그들의 눈은 모두 웃고 있었다.

나는 입고 있던 병원 가운을 벗고 아기가 내 가슴에 머리를 편히 기대도록 했다. 9개월이나 기다린 아기가 이제는 내 심장 박동 소리를 듣고,

내 냄새를 맡으며, 내가 말할 때마다 생기는 몸의 떨림을 느껴주길 바랐던 것이다. 그동안 받았던 검사나 의료 절차, 형식적인 문제들로부터 벗어나 한시라도 빨리 아기와 함께 병원 밖 세상을 경험하고 싶었다. 그 순간 나는 완전하고도 무조건적인 사랑을 느낄 수 있었다.

내 아이의 삶에서 가장 최초의 순간을 놓친다는 건 상상도 할 수 없었다. 어떻게 보면 참 이상했다. 나와 아내는 어찌 보면, 우리가 만나기 전의 시간들을 서로 알아가는 데 너무 많이 노력했던 건 아닐까? 하지만 아기가 태어남으로써 우리는 가장 최초의 순간부터 함께하면서 추억을 같이 만들어갈 수 있는 일이 생긴 것이다. 하얀색 조명이 눈부시게 밝았던 바로 그 무균실에서, 나와 우리 딸아이의 인생이 영원히 연결된 듯했다. 그 순간 나는 내가 이전과는 다른 사람이 되었다는 걸 알 수 있었다.

◇ 병원 직원들에게 절대 화내지 말라

병원 음식은 기내식보다 한 다섯 단계쯤 아래다. 아내는 화장실에 가고 싶거나 침대의 각도가 조절되지 않거나 발에서 피가 난다는 이유 등으로 엄지손가락에 멍이 들 때까지 호출 버튼을 눌러대고 있다. 베개에는 오리털이 아니라 오리가 통째로 들어가 있는 느낌이고 진통제의 약효도 떨어진 상태인데다 아기는 신생아실에 너무 오래 머물고 있는 것처럼 느껴진다. 뿐만 아니라 시들시들한 꽃들이 주변을 둘러싸고 있어, 아내는 마치 쓰러져 가는 꽃집에 들어와 있는 것처럼 느끼고 있다.

병실에서 이 모든 걸 본 당신은 갑자기 자제력을 잃기 시작한다. 아내와 아기를 보호하고 싶은 마음이 치솟고, 급기야 머릿속에는 사이렌과 함께 "전장으로 출동!"이라는 소리가 들려온다. 귀는 붉게 달아오르고 목 뒤쪽으로 피가 솟구치고, 간호사실로 달려가 한바탕해야겠다는 생각이 든다.

하지만 이건 큰 실수다. 병원 직원들뿐만 아니라 아내로부터도 멀어지는 결과를 낳을 뿐이다. 약혼 이후 첫 싸움, 결혼 이후 첫 싸움처럼 출산 이후의 첫 싸움이 되는 것이다. 그렇다. 아마도 당신은 내심 아기가 태어나면 아내와 싸울 일은 절대 없을 것이라는 환상을 가졌을 것이다. 아내는 무엇보다도 아기를 원했으니까. 하지만 아내는 수많은 불평을 하면서도, 아기와 자기 자신을 위해서는 병원 직원들에게 의지할 수밖에 없다는 사실을 알고 있다.

당신도 마찬가지다. 병원 직원들을 최대한 활용하라. 음식을 사러 나갈 때면 그들에게 필요한 게 없는지 물어보자. 아무것도 필요 없다고 말한다고 해도 뭔가를 사다줘라. 간호사들은 보통 급여는 적으면서 일은 많고, 그들에게 고마움을 전하는 사람도 거의 없다. 가장 적극적으로 도와주는 간호사에게는 따로 사례를 하거나 그에 합당한 칭찬을 해주자. "간호사님에게 얼마나 고마워하고 있는지 알아주셨으면 좋겠습니다."

라고 말하라. 그러면 당신이 호출 버튼을 눌렀을 때 다섯 명의 간호사가 단숨에 달려와줄 것이다!

◇ 당신이나 방문객이 감기에 걸렸다면

번거롭더라도 아기의 안전을 위해 종이로 된 마스크를 반드시 쓰도록 한다. 막 세상에 태어난 신생아는 인생 자체만으로 충분히 복잡하다.

◇ 당신의 아기가 얼마나 남다른지에 대해 절대 자랑하지 말라

웃을 일이 아니다. 당신이 신생아실에서 자고 있는 아기를 행복하게 바라보고 있을 때, 어떤 얼간이가 다가와 이렇게 말할 수도 있다. 자신의 아기는 신생아들의 머리 둘레 순위에서 몇 위라고 말이다. 당신의 아기는 이미 예일대로부터 전액 장학금을 지원받기로 했다고 말하고 자리를 피하는 게 좋다.

◇ **퇴원 수속을 밟을 때**

퇴원 수속 자체가 스트레스다. 원무과에서 받은 청구서는 마치 산스크리트어를 보듯 도통 이해할 수 없는 글들로 빼곡하다. 일단 무시하자. 그건 나중에 해결하면 된다. 지금은 청구서를 들고 논쟁을 벌일 때가 아니다. 빨리 병원비를 지불하고 자리를 뜨는 게 먼저다. 병실과 화장실을 둘러보며 개인 물품을 잘 챙긴 다음 아기를 안아 들자. 병원에서 아내가 휠체어를 타야 한다고 말해도 놀랄 필요는 없다.

병원 로비에 도착하면 심호흡을 크게 해본다. 병원 문을 나서는 순간, 당신이 그렇게 정신없던 동안에도 세상은 늘 그렇듯 지루하게 굴러가고 있었다는 사실을 깨달을 것이다. 전쟁은 계속되고, 정치가들은 여전히 거만을 떨며, 주식 시세는 상승하거나 하락했거나 아니면 둘 다였고, 교통 체증 속에서 자동차 경적 소리는 계속해서 들려오고, 거리의 사람들은 걸인들 곁을 스쳐 계속 가던 길을 가고……. 그 외에도 끝이 없다. 아직은 이 세상에 도전하지 말라. 폐 속에 공기가 들어차는 걸 느끼면서, 이것이 당신의 아기가 마시는 첫 공기라는 사실을 상기해보자. 찬 공기에 놀라 공황 상태에 빠질 필요는 없다. 아기가 폐렴에 걸리진 않을 테니. 느낌이 어떤가? 압도당한 느낌인가, 아니면 의기양양한 기분인가? 아마도 둘 다일 것이다. 하지만 의기양양한 기분에 집중하자. 세 사람이 최초로 이 세상에서 하나가 되는 순간이다. 마음껏 음미하자.

범위을 따질 때는 서두르지 말라. 문민 질과 바깥세상 사이의 중립지역이라고 할 수 있

는 장소들을 거칠게 여기면 안 된다. 아랫에는 24시간 동안 간호사들이 대기 중이고 세

사람만의 공간이 존재한다. 속, 지켜 있으면서도 몽롱한 상태로 행복해하는 당신의 아

내와 당신과 당신의 아이 밑이다.

출산을 마친 아내는
무엇을 원할까

◇ 아내와 아기의 곁을 지켜라, 무슨 일이 있어도

한 친구가 이런 얘기를 했다.

"아내가 계속 몸을 떨고 있어서 손을 잡아주고 있었지. 간호사들이 우리 딸아이의 몸을 닦아주는데, 아이가 미친 듯이 울더군. 아내가 계속 대체 이게 무슨 소리냐고 물어보기에 우리 아기의 울음소리라고 했지. 그랬더니 '좀 조용히 하라 그래!' 그러는 거야."

친구는 아기를 달래주려고 몸을 움직였다고 한다. 그러자 그의 아내는 "안 돼! 내 손을 놓으면 어떡해!" 하고 소리쳤다. 결국 그는 둘 사이에서 양쪽으로 팔을 벌리고는 아내와 아기의 손을 모두 잡은 채 서 있을 수밖에 없었다. 그 모습을 본 산부인과 의사는 이렇게 말했다.

"빨리 카메라 가져와. 이걸 찍어서 산부인과 의사들 잡지에 표지로 실어야겠어!"

기억하자. 들어갈 때와 똑같은 상태로 분만실을 나오는 남자는 단 한 명도 없다.

◇ 병원에서 아내와 함께 성대한 축하 파티를 열어라

와인이나 샴페인 한 병을 병원으로 가지고 와서 아내와 함께 축배를 들자. 둘만의 성대한 파티를 즐기는 것이다. 당신도 바보처럼 보일 만큼 로맨틱한 사람이 될 수 있다는 사실을 보여줘라. 그리고 아내에게 진짜 선물을 건네자. 하지만 아직 열어보지는 말라고 당부하라. 일단 잔을 들고 갖은 아양을 다 떨면서 축배의 말을 건네라. 농담으로 시작해서 점점 진실이 담긴 말로 옮겨가라. 아내가 당신을 포옹하고 눈물을 흘리느라 선물 열어보는 걸 깜박 잊을 때까지. 그리고 마침내 선물을 열어볼 때까지 그녀의 어깨를 안고 있어라.

이제 새로운 세대를 위해 축배를 들 때다. 이때는 농담은 하지 말고,

순수한 아빠의 사랑을 보여주자. 아기가 처음 태어났을 때 당신의 기분이 어땠는지 아내에게 말해주자.

샴페인은 차게 준비해야 한다. 미지근한 탄산음료는 최악이다. 병을 딸 때 코르크 마개가 날아가지 않도록 조심하라. 샴페인 병을 든 채 급하게 회복실까지 이동했다면 마개가 날아갈 가능성이 높다. 너무 많이 마시면 안 된다. 한 병을 다 마셔야겠단 생각은 접고, 병원에서 친구가 된 다른 부부들에게 남은 샴페인을 권하자.

◇ 병실의 사진을 찍고 추억거리를 챙겨둬라

"미미한테 전화가 왔었어. 사랑한다고 전해 달래."라고 적힌 메모가 될 수도 있고, 식사를 주문한 종이가 될 수도 있다. 이 사실을 기억하자. 아내는 죽을 때까지 출산 과정에 대해 아무나 붙잡고 이야기하고 싶어 할 텐데, 약 기운 때문에 제대로 기억해두지 못할 것이다. (지금은 아내가 당신더러 쓸데없는 짓을 한다고 구박할지 모른다. 하지만 나중에는 당신이 챙긴 물건들을 정말 소중히 여길 것이다.)

간호사에게 부탁해 아기의 발목이나 손목에 달아뒀던 신생아 이름표를 따로 챙겨 보관해둬라. 몇 년이 지난 후에 아이에게 보여주자. 요람에 누운 아기 사진과 함께. 아이는 놀랍도록 솔직하게 자신의 감정을 표현할 것이다.

아내에게 부탁해 당신의 사진도 찍어달라고 하자. (한두 장 가지고는 안 된다.) 나중에 당신의 아이가 "그런데 아빠는 어디 있어요?"라고 묻는 걸 듣고 싶진 않을 것이다. 사람들은 눈에 보이는 걸 믿는다. 눈에 보이지 않는 사진가가 바로 당신이었다고 주장하고 싶은가?

◇ 아내가 좋아할 만한 일들로 점수를 따라

식료품, 화장지, 종이타월 등을 가득 채워둬라. 우유도 새것으로 한 통 사다두고, 엊그제 먹은 중국 음식은 빨리 내다버려라.

침대시트도 갈자(여자들은 깨끗한 침대시트를 사랑한다). 세탁물을 찾아오고, 직접 빨래를 해보자. 셔츠나 시트 등을 다려놓고(역시 큰 점수를 딸 수 있다)

수건을 예쁘게 접어둬라. 쓰레기통을 비우고 재활용품은 밖에 내다놓자. 마음만 먹는다면 당신은 아내가 좋아할 만한 일을 쉽게 찾아낼 수 있을 것이다. 한편, 아내는 당신이 해놓은 일들에서 실수를 찾아낼지도 모른다. "에어컨 청소는 안 해뒀어?" 또는 "휴지통 좀 비워 두면 좋잖아."라며 말이다.

만약 소파 위에 빈 과자 봉지들이 널려 있고, 거실의 테이블 위에 게임기가 아무렇게나 놓여 있는 걸 본다면 아내는 이렇게 말할지 모른다.

"당신 대체 무슨 짓을 하며 지낸 거야?"

무엇보다 아내를 정말 미치게 만들 일은 따로 있다. 집 안 곳곳에 숨어있는 먼지다. 아내는 아기의 깨끗한 폐와 연약한 분홍 콧구멍을 가장 걱정한다. 주머니 사정에 여유가 있다면 아기방에 놓을 공기청정기를 마련하자. 가정부가 있다면 사례를 좀 더 하는 것도 좋다. 아내가 눈에 불을 켜고 먼지를 찾는 걸 막기 위해서.

◇ 환영의 플래카드를 준비하라

성격상 당신이 절대 그런 걸 만들 사람이 아니라면, 그래서 아내가 당신더러 제정신이냐고 물을 정도라면 안 만드는 게 나을 수 있다. 하지만 그런 경우가 아니라면 집에 돌아왔을 때의 분위기를 고조시킬 수 있다.

플래카드는 이런 식으로 쓰면 된다. "○ ○ ○(아내의 이름)과 ○ ○ ○(아기의 이름), 환영합니다." 그런 후 현관문이나 벽에 걸어두면 된다.

◇ **아내에게 로맨틱한** (그리고 건강에도 좋은) **음식을 사줘라**

아내의 팔에 링거를 제대로 꽂기 위해 그렇게 노력하면서도, 아내의 위장에 제대로 된 음식을 공급하는 일에는 그렇게 관심이 없다니, 병원은 참 재미있는 곳이다. 솔직히 말하자면 병원에서 주는 음식은 맛이 없다. 특히 이제 막 출산을 마친 산모의 입맛을 사로잡기엔 부족한 것이 사실이다.

사냥꾼처럼 밖으로 나가 음식을 사 오자. 죽이나 따뜻한 국 종류, 밥이나 면, 채소와 과일, 스무디 등 무엇이든 일단 조금이라도 입맛을 찾을 수 있는 것을 찾아야 한다. 영양분을 고려해야 하는 건 기본이며, 소화도 잘 돼야 한다. 자극적이거나 기름에 튀긴 것은 안 된다. 로맨틱한 분위기도 연출해볼 수 있으면 좋다. 아내의 기분을 띄워줘야 하니까.

백화점의 식료품 코너나 테이크아웃이 가능한 음식점들을 둘러보면 군침이 도는 온갖 음식들이 눈길을 사로잡을 것이다. 이때는 잠시 걸음을 멈추고 이렇게 생각해보자. 당신은 지금 동굴에 있는 두 사람을 위해 난생 처음으로 음식을 고르고 있는 것이다. 아내를 위해 음식을 산다는 건, 모유를 먹을 아기를 위한 음식을 산다는 뜻도 된다.

가족의 생계를 책임질 사람이 됐다는 사실이 무척 부담이 될 수 있다. 하지만 사실은 기분이 좋지 않은가? 아기는 무엇을 좋아할까? 자극적인 것은 좋지 않다. 평소 아내가 좋아하던 카레 같은 음식도 안 된다. 매운 소스도 마찬가지다. 모유 생성에는 무엇이 좋을까? 몇몇 아기는 특정 음식에 거부 반응을 보이기도 하니, 아내에게 그런 음식에 대해 물어보자. 아내는 당신의 질문을 상당히 좋아할 것이다.

◇ 아기가 탄생한 정확한 시간을 마음속에 새겨둬라

시간을 정확히 기억하는 것만으로 아내를 기쁘게 할 수 있다. 아기가 태어난 지 하루나 이틀이 되었을 때, 시계를 보고 아내에게 입맞춤을 한 뒤 이렇게 말해보자.

"1시 30분이네."

아내는 아마 이렇게 물을 것이다.

"그게 뭐?"

그러면 이렇게 말하자.

"우리가 24시간(혹은 48시간) 전에 뭘 하고 있었는지 기억나?"

아내는 굉장히 기뻐할 것이다.

이제 막 아빠가 된
당신에게 해주고 싶은 말

◇ 아기를 안아보는 걸 주저하지 말라

둘째 아이의 출산을 도와준 의사는 이렇게 말했다.

"남편들 대부분은 우선 아내부터 찾아요. 아기를 대하는 걸 수줍어 하시더군요."

작고 쪼글쪼글한 아기를 안아주는 데 익숙하지 않을 수 있다. 빗물이 묻은 공을 잡으려고 하는, 움직임이 둔한 축구 선수처럼 보이고 싶지 않을 수도 있다. 하지만 아기와의 첫 포옹은 당신 인생에 있어 최고의 순간이 된다. 부드러우면서도 힘을 적절히 써야 한다. 아기의 작은 머리를 당신의 한껏 부푼 심장에 갖다 대보자. 수개월 동안 당신이 아기의 심장 박동 소리를 들었으니, 이제 아기가 당신의 심장 박동 소리를 듣게 하라. 그러고 나서 아기를 엄마, 즉 당신의 아내에게 건네줘라.

◇ 자연분만으로 태어난 아기는 솔직히 안 예쁘다

신생아를 실제로 보면, 영화에 나오는 신생아가 사실은 태어난 지 3주 정도는 지났고, 머리도 곱게 빗겨 다듬었으며, 몸도 깨끗이 닦고 치장을 한 상태라는 걸 깨닫게 될 것이다. 이제 막 태어난 아기는 이런 모습이다. 얼굴은 일그러져 있고, 귀는 뒤쪽으로 눌려 있고, 각종 물질들로 뒤범벅되어 있으며, 여드름처럼 울긋불긋한 것이 솟아 있다. 아기를 꺼낼 때 사용한 집게 때문에 멍이 들어 있을 수도 있고, 눈과 성기 주변이 벌겋게 부어 있으며, 어깨부터 허리까지 솜털로 덮여 있을 것이다. 영화에 늘 등장하는, 의사가 포대기에 잘 싸서 떨고 있는 아내에게 건네주는 예쁜 아기가 아니라, 당신이 아침에 막 일어났을 때의 엉망인 꼴과 더 비슷한 모습일 것이다.

하지만 더 놀라운 사실은 그게 아니다. 당신의 눈에는 그런 아기가 세상에서 가장 예쁜 존재로 보인다는 것이다. 그 아기가 바로 당신의 자식이기 때문이다. 아기의 손가락에서부터 갈비뼈나 발가락에 이르기까지, 모든 것이 완벽해 보일 것이다.

그 순간만큼은 신생아는 외계인 같다느니, 고구마처럼 생겼다느니 하는 농담 따위는 잊어버리자. 누구나 하는 그런 말 대신 아내에게 이렇게 말해보라.

"수백 미터 떨어져 있어도 우리 아기는 알아볼 수 있을 것 같아."

당신을 향한 아내의 사랑이 훨씬 커질 것이다.

'나의 아기'라는 표현은 금물이다. 항상 '우리 아기'라고 말해야 한다. 토씨 하나 때문에 아내가 서운해할 수도 있다. 당신과 아내가 최초로 무언가를 완벽히 공유하는 경험을 하고 있다는 점을 명심하자.

◇ 아기가 신생아실로 갈 때 불안할 수도 있다

내 딸이 회복실에서 신생아실로 옮겨졌을 때, 나는 아기를 빼앗겼다는 억울함뿐 아니라 온갖 종류의 기괴하고 편집증적인 생각들이 꼬리를 물고 머릿속에 떠올랐다. 병원에서 우리 아기라는 표시를 제대로 해뒀을까? 우리 아기에게 약을 제대로 주고 있을까? (이쯤 되면 9시 뉴스를 꼬박꼬박 챙겨 봤던 게 후회되기 시작한다.) 대체 왜 내가 잘 알지도 모르는 간호사에게 우리 아기를 건네줬을까? 아기가 우리에게 버림받았다는 느낌을 받으면 어쩌지?

하지만 실제로는 정말 아름다운 일이 일어난 것이다. 당신이 변했다. 세상을 대하는 당신의 모습이 변한 것이다. 당신은 이제 아빠다. 의사와 간호사를 비롯한 병원 관계자들은 모두 당신을 도우려 할 뿐이라는 사실을 잘 알면서도, 당신의 가족이 함께하는 시간을 방해하는 '타인'으로 느껴지기 시작한다. 아기가 우는 모습을 보거나 의사나 간호사가 아기를 검사하는 모습을 보면 몸이 떨린다. 그들의 손으로부터 아기를 되찾아 가슴에 품고, 모든 일이 잘 되고 있다는 확신을 느끼고 싶을 것이다.

또 다른 사실은, 당신의 아기만큼은 당신이 경험하지 못한 유토피아 같은 곳에서 살기를 바란다는 것이다. 물론 현실적으로 불가능하다. 세상은 항상 그렇듯 작은 실수와 큰 실수들, 불공평함과 고통들로 가득 차 있다. 당신은 아기를 그 모든 것으로부터 보호하고 싶어진다. 하지만 당신은 아기가 세상에 태어난 지 몇 초 만에 이런 궁극적인 소망이 실현 불가능하다는 사실을 깨닫게 된다. 병원의 방침이 항상 그렇지는 않지만, 퇴원할 때까지 아기를 계속 가까이 하지 못할 수도 있다. 병원에 가기 전에 수간호사에게 문의해 방침에 대해 미리 알아두자.

이와 반대로, 몇몇 남자는 새로 태어난 아기와 일체감을 못 느끼기도 한다. 아기가 젖을 먹기 위해 엄마에게 의존해야 한다는 사실 때문이기도 하지만, 아기가 자거나 울거나 우유를 먹는 것 외에는 별로 하는 게 없기 때문이기도 하다. 몇몇 남자는 아기가 좀 더 자라서 걷거나 말을 하거나 놀기 시작할 때가 돼야 아기가 태어났다는 사실을 즐기게 되기도 한다. 새로 태어난 아기가 기대했던 만큼 신기하지 않더라도 실망하거나 포기하지 말라.

우선 사소한 것에서 기쁨을 찾아보자. 아기를 자주 안아보고 아기의 피부 냄새를 맡아보자. 조그만 주먹을 잡아보고, 가녀린 팔다리 안에 뼈가 있다는 걸 느껴보며, 등 뒤의 작은 척추를 만져보자. 정말 놀라운 사실은 이 작은 아기에게 그 모든 게 있다는 것이다. 인생과 직장이 요구하는 책임들에 신경 쓰기 전에 이런 사실을 만끽해보자. 다른 일들은 미뤄도 된다. 바로 이 순간, 당신이 해야 할 가장 중요한 일은 당신의 아기를 보면서 경이로움을 느끼는 것이다. 충분한 시간을 들이자.

◇ 신생아실 창밖에서 아기가 자는 모습을 바라보자

나는 그 자리를 뜰 수가 없었다. 아기의 가슴이 움직이는 모습, 꿈이라도 꾸는지 눈꺼풀이 떨리는 모습, 젖을 먹는 것처럼 입술을 오므리는 모습까지 아기의 성격을 보여주는 듯한 모든 동작들을 보면서, 내 발은 바닥에 붙어버렸고 줄곧 입을 다물 수가 없었다. 이제 막 아빠가 된 대부분의 남자가 그렇듯, 가슴이 부풀어 오르는 걸 느낄 수 있었다. 내 마음은 자랑스러움으로 채워지기 시작했고 압력이 점점 올라가 심장 근처 어딘가가 터질 것 같은 느낌이었다. 그러나 이런 감정은 억누를 필요가 없다. 아주 멋진 일이니까.

인생의 아이러니도 즐겨보자. 이제 곧 부모가 될 사람들이 신생아실에 도착하는 모습을 잘 지켜보라. 불과 몇 주 전에는 나도 저들 중 하나였고, 지금의 나처럼 피곤해하면서도 자랑스러워하고 있는 다른 아빠를 보면서 "진짜 고생한 티가 역력한데 어떻게 저리 행복해할 수가 있지?"라고 의아해했다. 그런 생각이 들자 웃지 않을 수가 없었다. 훌륭한 영화 한 편을 보고 나오는데, 그 영화를 보려고 길게 줄을 서 있는 사람들을 보면 이렇게 외치고 싶지 않던가.

"너무 재미있어요! 기다린 보람이 있을 거예요!"

그때의 내 기분이 꼭 그랬다.

만약 그게 당신의 선택이라면, 이런 질문이 계속 당신을 괴롭힐 것이다. 아플까? 아기에게는 당연히 아프다. 아기는 자신이 낼 수 있는 최대의 데시벨로 비명을 지르고 울어댈 것이다.

나는 우리 아기의 부드러운 피부에 날카로운 칼이 닿을 거라는 생각 때문에 몸이 부르르 떨렸다. 나만 그런 게 아니다. 내 친구 로이는 둘째 아이는 딸이었으면 좋겠다고 바랄 정도였다고 한다. 포경 수술 문제를 피할 수 있을 테니 말이다. 그는 계속 서성이면서 고민을 하다가 결국은 랍비 선생님에게 조언을 구했다고 한다. 그는 "우리가 이런 이야기를 나눌 동안 벌써 끝났을 정도의 수술입니다."라고 했단다.

포경 수술을 제대로 하는 곳은 어떻게 찾을 수 있을까? 소비자 보호법에도 나와 있지 않다. 만족한 소비자들이 써놓은 소감도 없고, 수술이 잘된 사진을 볼 수 있는 것도 아니며, 30년 후 아내로부터 칭찬을 들을 수 있는 것도 아니다. 과연 어떻게 결정해야 할까? 아내의 담당 의사에게 추천해달라고 해보자.

우리는 아들의 포경 수술을 출산 병원에 있던 전문가에게 의뢰하기로 했다. 수술 수속을 마치고 나자, 우리 아들은 아내의 젖을 무턱대고 깨물어댔다. 우리는 아들을 내려놓고 육아실로 함께 걸어가서 밖에서 기다렸다. 우리 아들이 뒤쪽에 있는 방으로 사라지자 (그래야 다른 남자 아이들이 무슨 일이 벌어지는지를 모를 테니까) 나는 굉장히 기분이 불쾌해졌다. "우리가 옳은 일을 한 걸까?"라고 아내에게 물었다. 아내는 고개를 천천히 끄덕이면서 내 손을 잡았다. 당시 나는 마치 수백만 개의 조각으로 쪼개져버릴 것 같은 기분이었다.

잠시 후 아들의 절규에 가까운 비명이 들려왔다. 마치 병원에 있는 모든 유리창을 다 깨버리려고 하는 것처럼 들렸다. 하지만 아들의 비명이 깨뜨린 것은 유리창이 아니라 나와 아내의 마음이었다. 천만 다행히 그리 오래 지속되지는 않았고 울음소리는 곧 그쳤다. 의사가 밖으로 나와 모든 게 잘 됐으며 아이의 성기도 온전하다는 소식을 전했다.

◇ 당신이 아무것도 모른다는 사실을 인정하라

당신이 무지하다는 걸 솔직히 받아들이고 아내와 함께 웃어버려라. 그리고 하나씩 배워나가라. 신기하게도 부모를 위한 지침서에는 아기 그 자체를 제외한 모든 것이 담겨 있다. 이상하지 않은가?

하지만, 이렇게 생각해보자. 수십억의 인간이 당신보다 먼저 이 과정을 겪었고, 아기가 태어난 지 몇 주 만에 다들 프로가 되었다. 당신도 잘해낼 수 있다. 당신도 아기를 안고, 트림을 시키고, 기저귀를 갈고, 진정시키고, 씻기는 방법 등을 배우게 될 것이다. 이런 일들은 상당 부분 본

능에 의해 이루어진다. 모든 걸 분석하려고 들지 말고 당신 이면에 숨어 있는 그 본능을 일깨워보자. 그러면 더 많은 해답을 찾을 수 있다. 그 외 다른 것들은 부모님이나 친구들, 전문가 또는 책을 통해 배우면 된다.

◇ 남편들이여, 차에 시동을 걸 때가 왔다

이제 집으로 간다. 앞으로 멜 수 있는 아기 띠를 이용해 아기를 안은 다음, 아내에게 당신의 팔을 잡으라고 하자. 병원 복도를 지나는 동안 아내는 자신이 마리오 안드레티(이탈리아의 카레이서 - 옮긴이)가 된 듯한 느낌을 받기도 하겠지만 내리쬐는 자연광과 일상적인 소리에는 깜짝 놀랄 것이다. 적어도 내 아내는 그랬다. 그동안 나는 마치 대통령의 비밀 경호원이 된 것처럼, 여기저기를 노려보며 위험한 상황을 초래할 요소들은 없는지 살폈다. 주차장에 있는 저 이상한 녀석은 뭐지? 우리 쪽으로 다가오는 저 선글라스 쓴 남자는 누구일까? 저 차가 과연 빨간 신호를 보고 멈춰 설까? 사실 약간 우스꽝스러울 정도였다.

자신의 그런 모습은 그냥 웃어넘기자. 하지만 그와 동시에 거리의 사람들을 그런 식으로 바라보는 건 이번이 처음이자 마지막이라는 사실을 알아야 한다. 당신은 아내와 아기를 보호하기 위해 그 자리에 있는 것이다. 나는 누군가 우리의 안위를 위협하기라도 하면 당장 목을 따버릴 준비가 되어 있는 기분이었다.(으르렁거리는 소리를 내고 있었을지도 모르겠다. 다행히 아무도 우리 근처로 다가오지 않았다.)

이런 기분에 익숙해져라. 이것이 바로 당신의 새로운 모습이다. 개인적인 공간에서는 다정하고 사랑이 가득하며 따스한 모습이며, 개방적인 공간에서는 조심스럽고 보호 본능이 강한 모습인 것이다.

아기에게 이 세상이 어떻게 보일지 잠깐 상상해보라. 서둘러 집에 가야 할 이유가 있는 게 아니라면, 또 아내가 재촉하지 않는다면 나무가 있는 곳으로 가서 아기에게 나뭇잎이나 꽃이나 나뭇가지 등을 보여주자. 아기가 보는 최초의 나뭇잎, 최고의 꽃, 최초의 나뭇가지. 얼마나 경이로운가. 자, 이제 아기를 카시트에 앉힌 다음, 천천히 집을 향해 출발하자.

PART 5

새 출발

아내가 기저귀를 갈면서 그날 있었던 소소한 사건을 늘어놓는 동안, 당신은 가스레인지를 켜고 냄비에 요리를 하게 될 것이다. 한 손에는 국자를 들고 다른 손에는 전화기를 든 채로, 아내의 말에 일일이 반응하는 놀라운 묘기를 선보이게 될 것이다. 한 눈으로는 아이를 보면서도 반대쪽 눈으로는 TV에서 나오는 스포츠 중계를 훔쳐보는 재주도 부리게 될 것이다.

출생 후 100일까지,
아빠의 마음가짐

아마 당신은 평생 써본 적이 없는 일기장을 마련해 아빠가 된 마음을 쏟아내고 싶은 생각이 들지 모른다. 아니면 매일 일어나는 신기한 일들을 간단히 메모해두고 싶을 수도 있다. 어떤 생각이나 느낌이 들면 바로 기록하라. 노트나 수첩에 적는 것이 여의치 않으면 휴대전화의 메모장을 이용해도 좋다. 완성형 문장이 아니라, 순간적으로 드는 감정과 생각들을 몇 마디 남기는 것으로 충분하다. 아빠가 된다는 것의 슬픈 일면은 바로 2분 전에 일어난 일을 기억할 수 없다는 것이다! 노트를 침대 협탁에 두고, 잠들기 전에 잠깐 끄적거려보는 것도 좋다. 하루 동안 아빠로서 살았던 부분을 잠시 떠올려 기록으로 남긴다면 훗날 훌륭한 추억거리가 된다.

◇ 아기의 첫 미소처럼 굉장히 기쁜 순간을 놓치지 말라

야구 할 때와 비슷하다. 스트라이크를 던진 것 같은 예감이 들면, 포수의 글러브 속으로 공이 사라지기 전에 그 느낌을 충분히 즐겨야 한다.

찰나의 순간을 놓치지 않도록 휴대전화로 재빨리 사진을 찍는 연습을 해둬라. 당연히 피곤할 것이다(당신의 상태를 표현하기엔 피곤하다는 말로는 부족할지 모르겠다). 하지만 시간은 총알처럼 지나간다. 며칠이 몇 주가 되고, 몇 주가 몇 달이 된다. 그러면서 대체 무슨 일이 있었던 건지 의아해하게 될 것이다. 그래서 사진이 필요하다. 아기를 안은 채 미소 짓는 아내의 모습, 혹은 그 곁에서 뻣뻣이 굳은 채 앞을 응시하는 당신의 모습만 남겨선 안 된다. 중간 중간 스쳐가는 일상의 모습, 찰나의 순간들도 포착하라. 어설프게 기저귀를 갈아주는 당신의 모습, 너무 큰 야구 모자에 얼굴이 반쯤 가려진 아기의 모습, 아기에게 젖을 먹이는 아내의 모습, 아내에게 요리해주기 위해 앞치마를 두른 당신의 모습까지 일상에 숨어있는 재미있

는 모습들을 사진으로 남겨라. 그렇지 않으면, 나중에는 보고 있어도 지루하기만 한 사진만 한가득 남을 테니.

"아기 보러 가도 돼?"

"아기 선물 사놨는데 언제 줄까?"

"아기 낳을 때 어땠는지 얘기해줘!"

모두 좋은 의도로 하는 말이긴 하지만, 같은 말을 하는 친구들과 가족들 때문에 당신 부부는 아마 미칠 지경에 빠질 것이다. 당신이 주도권을 쥐어야 한다. 마침 기저귀를 갈고 있을 때 오랜만에 고모님이 전화를 하신다고 해도, 20분 동안 휴대전화를 붙잡고 있어선 안 된다. 주변 사람들이 축하해주고 싶어 한다 해도, 자기들 편의에 맞춰 아무 때나 방문하게 하지도 말라.

먼저 계획을 세우자. 사람들이 당신이나 당신 아내와 통화할 수 있는 시간을 따로 정해두라. 한창 정신이 없는 식사 때도 안 되고, 너무 늦게 전화해 잠이 깨서도 안 된다. 토요일이나 일요일 오후에 몇 시간을 비워두고 손님들이 방문하도록 하라.

하지만 이런 결정을 아내에게 맡겨두는 건 바람직하지 않다. 일단 아내는 아기를 자랑하고 싶은 마음이 당신보다 크다. 그래서 사람들과의 교류가 당신 가족의 삶에 좋지 않은 영향을 줄 수 있다는 사실을 뒤늦게야 깨닫게 된다. 나중에 후회하기 전에 당신이 먼저 교통정리를 하자. 가장 중요한 것은 당신 가족의 안위와 평화다.

적어도 하루에 한 번 남편이 꼭 하게 되는 생각 10가지

1. 굉장히 재미있을 줄 알았는데 전혀 아니군.

2. 나보다 아내가 훨씬 더 행복해하는구나.

3. 모유를 먹이는 게 이렇게 거추장스러운 줄이야. 아내도 젖 먹이는 걸 그렇게 꿈꾸더니 이제는 불평만 하는군.

4. 섹스가 그립군. 다시 하게 됐을 때 예전 같지 않으면 어떡하지?

5. 한 18개월쯤 자란 상태로 아기가 태어났다면 좋았을 텐데.

6. 아기가 젖을 무는 동안 아내의 성욕이 해결되면 어쩌지?

7. 왜 이렇게 나를 방해하는 것들이 많은 거야! 전화에, 친구들에, 병원 진료에, 시도 때도 없이 울어대는 아기에, 기저귀 갈기까지!

8. 이제 나에게 자유란 없는 것인가?(아내도 마찬가지일까?)

9. 우리 부모님들이 왜 그렇게 극성이었는지 이제 알겠군.

10. 아빠가 된다는 건 굉장히 가치 있는 일이라던데. 왜 갑자기 직장 일이 더 재미있게 느껴질까?

당신은 직장에 있다. 머릿속은 빙빙 돌고 있고, 눈은 흐릿해져 오고, 잇몸과 치아가 쿡쿡 쑤신다. 그러면 안 된다는 것을 알면서도 책상 위에 머리를 박은 채 평생 처음인 것 같은 단잠에 빠져버린다. 잠에서 깼을 때 입가는 침으로 젖어 있고 얼굴엔 잠을 잔 자국이 나 있다. 피가 통하지 않아 저려오는 팔을 들어본다. 화들짝 놀라 시계를 본다. 20분 또는 두 시간이 지나 있다. 문제는 잠이 들기 전에도 한 일이 없고, 잠이 깬 지금도 너무 정신이 멍해서 아무것도 할 수 없는 상태라는 것이다. 그러면 당신은 '그래, 내일 하면 되지.'라고 생각한다. 내일은 오늘만큼 피곤하지 않을 것이라는 보장도 없는데 말이다.

다른 방법은 없다. 이런 상황이 닥친다는 건 틀림없는 현실이고, 사실 노력으로 극복되는 문제가 아니다. 이를 대비해 업무 스케줄을 조정할 수 있다면 그렇게 하자. 상황이 여의치 않더라도 조급해하거나 절망하지 말자. 이 시기는 고달프고 당황스럽지만, 틀림없이 지나간다.

◇ 산후 우울증은 아내뿐 아니라 당신에게도 닥칠 수 있다

아내의 호르몬 수치는 극도로 낮아져 있다. 그녀의 머리는 셀 수도 없

을 정도로 많은 우울한 생각으로 가득 차 있다. 회음절개술, 제왕절개 수술로 인한 흉터, 힘든 수유 과정, 부풀어 오른 유두, 불면증, 끈질긴 고통, 아기의 배앓이, 너무 빨리 닥친 직장 복귀 예정일 등등.

당신은 또 어떤가? 당신은 당신 나름대로 마음을 괴롭히는 일이 수백만 가지다. 해결해야 하는 직장의 여러 문제들, 어질러져 있는 집, 정신없는 식사 준비, 부족한 수면, 입법안처럼 길고 복잡한 병원비 청구서, 아기의 배앓이, 거기에 의기소침한 아내까지. 간단히 말해 당신 부부는 너무 큰 부담을 느끼고 있다.

이런 자유 낙하를 어떻게 막아야 하는지 알아야 한다. 운동을 하면 호르몬 활동이 왕성해진다. 아드레날린을 생성하기 위해 잠깐씩 줄넘기를 해보는 것도 좋다. 아니면 자전거를 타고 경사가 있는 언덕길을 올라보자. 꼭대기에 이를 때쯤이면 모든 걱정거리들을 잊게 될 것이다. 일기를 쓰거나 집 안의 조명을 밝히는 것이 도움이 되기도 한다. 특히 한겨울에는 커튼을 열어 부족한 햇볕을 느껴보자(기나긴 겨울밤엔 할로겐 조명을 사용해보는 것도 좋다). 잠시 시간을 내 다른 아빠들과 이야기를 나눠보는 것도 도움이 된다.

무엇보다 기본기를 잘 지키는 게 중요하다. 끼니 때 샐러드를 다양하게 준비하고 평소에도 과일과 채소를 많이 먹는 습관을 기르자. 술은 되도록 줄이는 게 좋다. 먹는 것은 신체적으로는 물론 정신적으로도 많은 영향을 미친다.

가장 어려운 것은 첫걸음을 떼는 것이다. 우울할 때에는 어디든 좋으니 한 걸음이라도 옮겨 보는 것이 좋다. 집 밖을 나서지 않더라도, 무슨 일이든 시작하자. 우울할 때 가장 어려운 게 '시작'이지만, '시작'만큼 우울한 기분을 없애주는 것도 없다.

사랑받는 남편이 되기 위한 TIP!

항상 듣는 진부한 이야기지만 모두 사실이다.

"그냥 자고 싶어." "잠깐 고개를 돌렸을 뿐인데 더 이상 다가가지 않더라고."

지금 아무리 피곤하더라도 나중에 이 시간을 돌이켜보면 인생 최고의 시간이었다고 생각하게 될 것이다.

엄마가 행복해야
가족이 행복하다

◇ 아내에게 책임을 전가하지 말라

울고 있는 아기를 아내에게 건네면서 "당신이 좀 진정시켜 봐."라고 말하는 순간, 당신은 자신의 무능력함을 인정하는 것이다. 기저귀 가는 일이 서툴러 중도에 포기하는 건 당신 스스로 멍청하다는 사실을 선언하는 것과 다르지 않다. 어떤 일이든 아내에게 도움을 요청하는 건 결국 아이 문제에 있어선 엄마가 제일 유능하다는 걸 인정하는 것이다.

당신을 포함한 우리 모두는, 아빠들이 아이와 관련된 일에 있어서는 능숙하지 못하다고 생각한다. (나 그냥 사무실에서 내가 잘하는 일을 하면 안 될까?)

왜 아빠들은 자동차 엔진을 고치거나 장난감 배나 드론, 혹은 유모차를 조립할 줄은 알면서 기저귀는 못 가는 걸까? 다른 이유는 없다. 사회의 고정관념 때문이다. 경험자로서 말하건대 기저귀를 가는 건 쉽다. 내가 그랬듯 당신도 기저귀 갈기의 달인이 될 수 있다. 안 해봐서 못할 뿐이다. 기저귀 하나 제대로 못 채워주는 우둔하고 실수투성이인 옛날 아빠의 모습은 깔끔히 잊자. 젖은 기저귀를 벗겨낸 다음 엉덩이를 깨끗하게 닦아주고 적당량의 로션을 발라줘라. 그다음이 문제라고? 딱 4단계다. 하나, 아기의 엉덩이를 기저귀 가운데에 놓는다. 둘, 기저귀의 아랫부분을 잡고 아기의 배꼽 정도 위치까지 올려준다. 셋, 한쪽 부분을 끌어당겨 테이프를 붙인다. 넷, 반대쪽을 끌어당겨 테이프를 붙인다. 어떤가?

다시 한번 말하지만, 하기도 전에 겁을 먹고 시도하지 않아서 어렵게 느껴질 뿐이다. 몇 번 해보면 능숙하게 해낼 수 있다. 기저귀를 깔끔히 갈아준 뒤 당신이 성취한 결과물에 감탄해보라. 모르긴 몰라도 아기 역시 굉장히 감탄할 것이다. 필요하다면 인형을 가지고 연습해보자. 기저귀 갈기는 허리띠를 차는 것만큼이나 쉽다.

아기를 안아주는 것도 마찬가지다. 아기가 당신 어깨에 머리를 기대고 있는 동안, 아기 등을 부드럽게 쓸어주는 것도 막상 해보면 쉽다. 아기 머리를 손으로 받쳐주는 것도 어려운 일이 아니다. 조금만 신경 쓰면 아내에게 아기 목이 아직 튼튼하지 않으니 조심해야 한다는 소리를 들지 않을 수 있다. 아내만이 아기를 돌볼 수 있다는 생각은 절대 하지 말자. 그건 정말 고정관념일 뿐이다. 그런 고정관념을 몸소 보여주는 바보 같은 모습을 보여선 안 된다. 누구도 아닌 당신을 위해서 하는 말이다.

◇ 아내에게 모유를 젖병에 담아달라고 하자

물론 아내가 부드럽고 따뜻한 가슴으로 직접 먹이는 것과 똑같지는 않을 것이다. 하지만 그 시간 동안 아기는 꼴깍꼴깍 우유를 먹으면서 당신의 눈을 쳐다볼 것이다. 그 작은 손으로 당신의 손가락을 꼬옥 쥘 것이고, 당신의 심장 소리를 들을 것이다. 그 순간 당신도 아기를 기르는 일에 함께하고 있다는 느낌을 강하게 갖게 될 것이다.

아기에게 우유를 먹이는 건 아름다운 경험이다. 그중에서도 가장 좋은 건 아기가 어느새 잠이 드는 모습, 그러면서도 계속 젖병을 빠는 모습, 가끔은 작은 혀를 쏘옥 내밀기도 하는 모습을 바라보면서 당신 품에서 편히 쉬는 아기의 무게를 느껴보는 것이다. 아기의 작은 콧구멍으로 공기가 들락거리는 소리에 귀 기울여보라. 뺨에 있는 미세한 반점을 찬찬히 살펴보자. 바로 이런 것이 당신이 9개월 동안 바라왔던 것이 아닌가. 아기와 함께하는 시간만큼은 서두르지 말자.

◇ 아내를 자주 칭찬해줘라

아기는 아직 어리다. "엄마 젖을 아무 때나 먹을 수 있게 해줘서 정말 고마워요."라고 말로 표현할 수가 없다. 아내가 육아의 보람을 느끼기 어려운 건 당연하다.

아내의 배와 엉덩이가 다시 탄탄해지고 있다는 말을 해주는 것부터 시작해보자. (아내는 거짓말 좀 하지 말라고 할 것이다. 아내의 말이 사실이더라도 계속해서 같은 말을 전해주자. 결국 아내도 미소 지을 것이다.) 그리고 아내가 그 많은 일들을 하나도 놓치지 않고 해내는 것이 정말 놀랍다고 칭찬해줘라. (이제 막 엄마가 된 여성들은 아무도 그걸 몰라줄 때 굉장히 속상해한다!)

✫사랑받는 남편이 되기 위한 TIP!

아내가 젖을 먹이는 동안 아기의 발이나 손을 잡아줘라. 당신에게도, 당신의 아내에게도, 그리고 아기에게도 좋은 경험이다.

◇ 아내가 혼자 쉴 수 있는 시간을 꼭 마련하라

물론 당신도 피곤할 것이다. 그렇더라도 아내의 노고가 더 크다는 건 인정해야 한다. 게다가 아직까지는 그 어떤 것도 쉬워질 기미가 보이지 않는다. 아내가 목욕을 할 수 있도록 욕조에 물을 받아주자. 모든 준비를 마친 다음 아기를 데리고 바깥으로 나가라. 혹은 아내에게 기저귀나 물티슈를 사러 나가지 말고 서점에 가거나 친구들과 커피를 마시는 등 바깥세상을 보러 나가보라고 권하자. 심지어는 아기를 봐주겠다고 제안했던 친지들을(당신이 그렇게도 단호히 거절했던) 재고해보는 것도 좋다. 물론 할아버지, 할머니가 완벽하게 부모 역할을 해내기는 어렵다. 더욱이 당신은 사춘기를 보내면서 부모의 잘못에 대해 면밀히 분석하지 않았던가? 그런데 어느 순간 그런 부모님들이 너무나 흔쾌히 도와주겠다고 나서는 것처럼 보인다(과거에 있었던 부모님의 잘못은 그다지 중요하지 않은 것처럼 보인다). 이 사실을 기억하자. 부모님은 부모 역할보다는 할아버지, 할머니 역할을 더 잘해낼 수도 있다. 부모와는 또 다른 입장에서 아이를 돌봐줄 수 있고, 이는 분명 아이에게 좋은 영향을 미치는 면이 있다. 실제로 나는 이런 경우를 주변에서 종종 목격하기도 했다.

◇ 출산 후 첫 섹스는 아내에겐 고통이고 당신에겐 혼란이다

내가 아는 모든 여성들은 이렇게 말했다.

"아팠지." 또는 "따끔했어." 또는 "얼마나 아팠는지 무서울 정도였어."

또는 "예전처럼 느낄 수 없을까봐 무서웠어." 또는 "남은 인생 동안 섹스를 즐기지 못할 거라고 생각했어."

그리고 모든 남성들은 이렇게 말했다.

"별로였어." 또는 "아내가 아무것도 느끼지 못하는 걸 보니 겁이 나더군." 또는 "사유지를 침범한 사람이 된 기분이었어."

아내가 어떤 반응을 보이는지에 각별한 관심을 쏟아라. 단 1초도 놓쳐선 안 된다. 아내가 고통을 느끼는 것 같으면 즉시 철수하라. 어쩌면 아내가 갑자기 울음을 터뜨리고 당신은 영문을 모르는 상황이 벌어질 수도 있다. (행복해서 우는 걸까, 슬퍼서 우는 걸까? 친밀감을 느끼는 걸까, 거리감을 느끼는 걸까?) 이왕 시작했으니 끝을 봐야겠다는 생각은 절대로, 절대로 해서는 안 된다. 아내가 그냥 따라와주기만을 바라지도 말라. 섹스는 자선사업이 아니다.

낭만적인 분위기를 연출하면서 당신의 능력을 시험해보자. 한 친구가 내게 들려준 경험담이 있다. 그는 아기가 태어난 지 석 달쯤 되었을 때, 근처에 사는 장모님께 잠깐 아기를 맡기고 두 사람만의 시간을 마련했다고 했다. 백포도주와 껍질이 부드러운 게 요리, 껍질째 구운 옥수수 등을 포장 주문했고, 디저트로는 극도로 칼로리가 높은 초콜릿 타르트를 먹었다고 한다. 기분이 좋을 만큼 취한 그들은 로맨틱한 영화를 보다가 침대로 향했다. 그의 말을 그대로 옮기자면, '딱 좋은 그런 분위기'가 연출되었다고 한다. 바로 그랬기 때문에, 그는 아파하는 아내의 모습에 적잖이 당황했다.

이런 상황이 당신 부부에게 일어난다면 어떻겠는가. 당신은 아내에게 그런 반응이 일어나는 게 지극히 자연스러운 일이라는 사실을 확신시켜줘야 한다. 여자의 몸은 각자 나름대로의 시간표와 그에 따른 반응 체계를 가지고 있다고 설명해줘라.

안타깝게도 황홀한 섹스를 다시 하게 되기까지는 시간이 걸릴 것이다. 인내심을 갖자. 성생활이 언젠가는 반드시 예전으로 돌아갈 거라는 확신을 가져라. 시간이 흐르면 틀림없이 무아지경에 이르는 섹스를 다시 할 수 있다. 아내는 스스로 자신감이 있어야 섹스를 하고 싶은 마음이 든다는 사실을 명심하라. 그 자신감을 불어넣어 주는 것은 바로 당신의 몫이다.

사랑받는 남편이 되기 위한 TIP!

예전이랑 똑같은가? 깊어야겠나는 질문을 받게 될 것이다. 대답은 남자나 "물론이지."여 너(서 실어이어 이 (그래요.) 한참 후에도, 예전과 같은 느낌이 다시 없으면 산부인과 의사에게 다른 방법은 없는지를 상의하서 자극을 아니다.

초보 아빠를 위한
실전 노하우

그렇다. 아기가 별탈 없이 숨을 쉬고 있다는 사실을 확인하기 위해, 아기 침대를 들여다보거나 아기 가슴에 손을 대보는 건 당신뿐이 아니다. 우리 모두 같은 경험을 가지고 있다. 망설이지 말고 아기의 숨소리를 들어보거나 호흡을 느낄 수 있도록 머리를 가까이 가져가보자. 그리고 우리 인간들이 생존을 위해 노력한다는 사실을 깨닫자. 아기도 살아남을 수 있다. 그러니 안심하고 아기에게도 쉴 수 있는 시간을 주자. 숨 가쁘게 방안으로 들어와 눈을 휘둥그레 뜨고 아기가 살아 있다는 사실을 확인할 때마다, 아기는 '우리 아빠는 왜 저렇게 이상한 사람일까?'라고 생각할지 모른다. 걱정하면서 아기 침대를 계속 오가는 대신, 아기의 모습을 담을 수 있는 모니터를 장만해라. 단, 볼륨을 너무 크게 올려두어 아기가 잠깐 움직이는 소리에 잠이 깨는 일은 없도록 하자.

◇ 새벽 4시에 소아과 의사에게 전화하는 걸 망설이지 말라

용기를 내 휴대전화를 들고 통화 버튼을 누르자. 다만 흥분한 상태를 일단 진정시키는 게 좋다. 마음속 질문을 마구 퍼붓는 대신 진심을 다해, 그러나 간결하게 사과한 다음 당신 머릿속을 짓누르는 걱정거리에 대해 의사에게 솔직히 털어놓아라. 괜찮다는 의사의 말 한마디만큼 좋은 수면제는 없다. 다만 꼭 필요한 경우가 아니라면 전화를 재차 하는 일은 없도록 하자.

소아과 의사와 그렇게 친분이 있지 않다면, 주변에 육아에 도통한 선배들을 많이 알아두는 것도 방법이다. 걱정을 털어놓는 것만 해도 상당히 마음이 진정된다.

◇ 아기와 함께 보내는 시간을 확보하라

　상당히 많은 아빠들이 아기와 충분한 시간을 함께 보내지도 않은 채, 훗날 자신이 소외감을 느끼고 있다는 사실에 당황해한다. 아이는 말을 할 수 있기도 전에 이미 자신이 당신의 우선순위에서 얼마나 위쪽에 자리 잡고 있는지 알게 된다. 아이가 아주 어릴 때부터 따로 시간을 내 함께 놀아주거나 노래를 불러주자. 음악에 맞춰 춤을 춰주거나 산책을 하면서 자연에 대해 가르쳐주자. 무릎을 꿇고 아이와 눈높이를 맞춘 다음 공을 던지는 법을 가르쳐주면서, 당신이 학창시절에 어떤 운동을 했는지, 어떤 명승부를 펼쳤는지 이야기해주자. 아이를 기르는 내내, 사랑의 깊이는 함께하는 시간과 비례한다는 걸 기억할 필요가 있다.

사랑받는 남편이 되기 위한 TIP!

아기 사진을 항상 휴대전화 안에 가지고 다니라. 메인 화면에도 띄워놓고, 프로필 사진도 아기 모습으로 바꿔놓자. 당분간은 만나는 사람마다 보여달라고 할 것이다.

◇ 딸을 안아주는 만큼 아들도 자주 안아줘라

　믿지 못할 현실이지만, 수 세대 동안 아버지들은 부자간에 접촉이 너무 많으면 아들의 성격이 유약해질 거라고 단정해왔다. 말도 안 되는 소리다. 아빠의 애정 표현을 제대로 보지 못한 채 자란 남자아이들은 감정을 제대로 표현하지 못하는 남자로 성장할 가능성이 크다. 당신 역시 외고집만 남은 할아버지로 늙을 게 자명하다. 당신이 원하는 것이 그런 것인가?

◇ 엄마가 있을 때는 아기가 당신에게 오리라 기대하지 말라

마법 같은 젖가슴을 가지고 있는 건 당신이 아니지 않은가? 아기와의 당신만의 특별한 교감을 원하겠지만, 당신은 절대적으로 불리한 입장이다. 자석처럼 아기를 끌어당기는 젖가슴으로부터 아기를 떼어내야할 테니 말이다. 엄마와 함께 있는 동안에는 아기가 당신을 먼저 찾을 일은 없을 것이다.

아기와 둘만의 교감을 원한다면 유모차나 앞으로 메는 아기 띠를 가지고 외출을 해보자. 당신만이 가지고 있는 강인함을 활용해보는 것이다. 엄마가 아기에게 안정감을 준다면 아빠는 강건함과 자유로움을 줄수 있다. 아기와 바깥세상을 이어주는 연결 고리는 바로 당신이다.

아기와 함께 외출할 때는 준비를 철저히 하자. 유아용 티슈와 기저귀몇 장(한 장으로는 안 된다), 모유가 담긴 우유병을 챙겨라. 날씨가 춥다면 모

자를 준비하되(체온을 가장 많이 빼앗기는 건 머리다) 옷을 껴입히지는 말라. 아기는 너무 덥다는 말을 할 수 없으니까.

현관문을 나설 때는 아기가 갑자기 울음을 터뜨릴 때에 대비하자. 아내가 긍정적으로 작별 인사를 해야 모든 과정이 어렵지 않고 쉽게 풀린다('우리 아기를 언제 다시 볼 수 있으려나?'라는 식의 인사는 아기를 울게 만들 뿐이다). 그리고 걸으면서 계속 말을 걸자. 모든 감각을 이용해 당신이 보는 것을 아기에게 보고해줘라. 지저귀는 새들이나 싹 트고 있는 나뭇잎들……. 아기는 당신의 목소리를 계속 듣고 싶어 한다. 그래야 안심이 되니까.

이제 곧 당신은 아기의 눈으로 세상을 바라보게 될 것이다. 여러 가지 대상과 소리로 이루어진 풍경화를 그리기라도 하듯 섬세하게 모든 것을 설명하게 될 것이다. 그런 마음으로 풍경을 대하면 이 세상을 상당히 흥미로운 시선으로 바라볼 수 있게 된다.

◇ 소아과 첫 방문은 무조건 함께하라

기분이 오르락내리락할 일이 또 있을 테니 마음의 준비를 하자. 처음에는 짜증이 날 것이다. 의사를 만날 때까지 기다리는 시간이 생각보다 길 테니 말이다. 대기 시간 동안 당신 아기의 순수한 폐를 감염시킬 수 있는 세균들이 기침과 재채기를 통해 날아든다. 짜증과 걱정의 순간이 지나고, 그다음에는 자랑스러우면서도 의기양양한 기분이 든다. 간호사가 당신을 진료실로 불러들인 후 아기를 보고는, 세상에 이렇게 예쁜 아기는 (5분 만에) 처음 본다고 말할 테니까.

하지만 다시 기다리는 시간이 반복되면서 또 한 번 짜증이 나기 시작한다. 잠시 후에는 아내가 당신에게 짜증을 내게 된다. 당신이 쿵쿵거리며 진료실을 나가서 다른 아기를 살피고 있는 담당 의사를 들볶아냈기 때문이다. 당신은 다시 쿵쿵거리며 진료실로 돌아와 멋쩍게 휴대전화를 들여다본다. 마침내 의사가 들어와 신장과 체중 등 몇 가지 기초 검사를 하고는 아기가 아주 건강하다는 소식을 알려주면 다시 자랑스러움에 마음이 부풀어 오른다. 따라나선 보람이 있다는 결론을 지을 때쯤 갑자기 당신을 안내했던 간호사가 들어온다. 그러더니 엠파이어 스테이트 빌딩만한 주사기를 집어 들고는 아기에게 다가온다.

이제 결정타를 맞는 순간이 가까워졌다. 아기는 주사바늘이 아플 거라는 사실을 까맣게 모르고 있다. 당신은 속수무책으로 지켜보기만 한다. 간호사가 아기 허벅지를 닦는 동안 당신의 몸은 움찔거린다. 그런 당신 눈 앞에서 주사 바늘이 아기의 연약한 피부를 뚫고 들어갔다가 나온다. 아기는 아무런 반응이 없다가 이내 충격을 받은 표정으로 당신을 쳐다본다. 당신은 자신이 아기를 굉장히 실망시켰다고 느낀다. 곧이어 아기는 태어난 이래 가장 큰소리로 비명을 지르기 시작한다. 이 과정을 함께한 당신은, 이제 갓 시작한 아빠의 삶에서 최악의 기분을 맛보게 된다.

바로 그 순간 당신은 아기가 기쁨과 고통을 구분할 줄 아는 지능을 가졌다는 사실을 깨닫게 된다. 당신은 에덴동산이 영원하길 바랐겠지만 그건 불가능한 일이다.

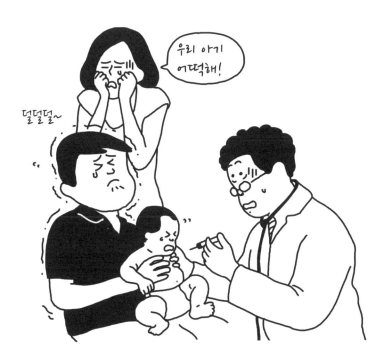

첫 그네를 굳이 비싼 것으로 장만할 필요는 없다. 친구에게 물려받거나 주변 사람에게 부탁해 선물로 받으면 좋다. 흔들거리는 그네에 눕히면 아기가 곧 잠이 들기 때문에 당신도 혼자 생각할 시간을 가질 수 있을 것이다.

흔들 그네(혹은 흔들 침대)에서 아기를 재울 때, 아빠로서 육아의 일부분을 담당할 기회를 갖기에 좋다. 아기가 잠자기에 불편하지는 않은지 자세를 만져주고, 체온을 유지할 수 있도록 이불을 덮어주자. 당신의 체취를 느낄 수 있는 물건을 잠든 아기 곁에 놓아두는 것도 좋다. 그러면 아기는 당신이 없는 시간에도 당신의 체취를 느낄 수 있게 되며, 그 체취로 인해 당신을 보고 낯을 덜 가리게 된다. 마치 아기가 냄새만으로 엄마의 젖을 알아차리는 것과 같은 이치다.

하지만 곧 다른 종류의 그네가 필요해진다. 현관이나 방문에 달 수 있는 등받이가 달린 그네, 나뭇가지에 매달아 타잔처럼 오갈 수 있는 그네 등등.

그네를 밀어주는 건 당신과 아이 모두에게 중요한 의미를 가진다. 하늘을 나는 듯한 자유로움, 즉 당신이 아빠로서 아이에게 줄 수 있는 가장 좋은 가치를 상징하기 때문이다. 시간이 흐른 후 타이어로 만든 그네를 밀어주다 보면, 첫 그네에서 잠자던 아이의 모습이 떠오를 것이다. 잠들기 바로 직전, 행복으로 가득하던 아이의 눈빛도 생각날 것이다. 조금 지난 후엔 아이가 바로 이 그네에 인형을 태우고 밀어주는 모습을 보게 될 것이다. 그러면 예전에는 바로 지금 모습처럼 아빠가 그네를 밀어주곤 했다는 이야기를 나눌 수도 있을 것이다. 딸아이가 못 믿겠다고 말한다면(당신도 믿기지 않을 테지만), 당신의 마음에 기분 좋은 상처가 아주 조금 생길 수도 있다.

고된 육아의 강을
슬기롭게 건너는 법

◇ 최선을 다해 버터라

"임신하고 있었을 때가 훨씬 좋았어."

아내가 이렇게 말할 때를 대비해 마음의 준비를 해두라. 당신의 아내는 지난 수개월 동안, 물 빠진 청바지를 입고 싶다거나 불룩한 배가 너무싫다고 불평하다가도(마치 모든 게 아기 탓인 양), 아기가 태어나는 꿈을 꿨다거나 빨리 엄마가 됐으면 좋겠다고 말하곤 했다. 그런데 이제는 또 그 불편했던 임신 기간이 그립단 말인가?

글쎄, 하지만 그게 그리 이상한 일일까? 아내를 한번 살펴보자. 어깨에서부터 엉치뼈 언저리까지 안 쑤시는 곳이 없다. 아기를 안고 모유를 먹이는 일이 지구 궤도 밖의 우주선 두 대를 도킹하는 것보다 힘들다는 것도 몰랐다. 유두는 갈라져 쓰리고, 모유의 양도 기대했던 것만큼 많지 않다. 아기는 유두를 제대로 물지도 못한다. 게다가 항상 울어댄다. 울면 안 되는 상황에서만!

어쩌면 당신과 당신의 아내는 곤히 잠만 자는 순한 아기가 태어나는 축복을 기대했는지 모른다. 하지만 안타깝게도 그런 행운은 없었다. 처음 며칠은 그럭저럭 봐줄 만했는데 갑자기 기어를 바꾸더니 밤중에만 네 번, 다섯 번, 여섯 번씩 울어 젖힌다. 아내는 숨 돌릴 겨를이 없다. 당신은 아내와 아기를 위해 직장에 휴가까지 냈지만 이제는 모든 것으로부터 도망가는 꿈만 꾸고 있다. 이 시기가 육아에 있어 그리 중요한 과정은 아니라는 생각도 들고 장모님께 아기를 봐달라고 부탁하는 것도 그리 나쁘지 않을 거라는 생각도 든다. 이제 당신은, 발가벗은 한 무리의 여자들로부터 유혹당하는 상상을 하며 잠을 청하게 된다.

정말 이런 게 냉정한 현실이란 말인가? 일부는 그렇다. 하지만 기억하자. 신기하게도 이런 모든 상황은 점점 나아진다. 상황이 나아지지 않았다면 아마 인류는 멸망했을 것이다. 부모가 된다는 것은 전혀 보람 없는 일이라는 소문이 삽시간에 퍼질 테니까. (이렇게 말해보자. 당연히 보람 있는 일이다!) 그 모든 게 굉장히 행복한 경험으로 남기 때문에, 첫 단계가 얼마나 끔찍한지를 분명히 기억하고 있으면서도, 그런 나날들을 추억하며 미소 짓는 부모의 대열에 합류하게 될 것이다. 하루하루가 지날수록 부모가 되는 길은 점점 수월해질 것이고, 이내 모든 게 제대로 되고 있다는 느낌을 갖게 될 것이다.

◇ 오로지 가족과 함께하는 시간을 가져라

모든 걸 버리고 24시간 동안 아내와 아기와 함께 지내라는 말이 아니다(적어도 나라면 좋은 결과를 얻지 못했을 것이다). 하지만 이 기간 동안 가족과 함께 많은 시간을 보내지 못하면 잃는 게 많다고 생각한다. 출산 후 한 달쯤 지나서부터는 아기를 데리고 근교 나들이를 갈 수도 있다. 부부가 아기와 함께 바깥 공기를 쐬는 건 색다른 경험이 된다.

물론 걱정은 좀 생길 것이다. 과연 사무실에서 완전히 벗어날 수 있을까? 당장 처리해야 할 업무와 회신을 해야 하는 이메일 등을 어떻게 정리해둘 것인지를 생각해보라. 하루 이상 걸린 출산을 경험한 사람이라면, 과거에는 상상할 수 없었던 방식으로 업무 패턴을 바꿀 수 있을 것이다. 단지 걱정만 하고 시도하지 않았을 뿐이다. 또한 일을 끝마치고 집에 돌아오면 무엇보다 먼저 아내와 아기에게 키스부터 하라.

형제자매가 자기들 문제 때문에 시도 때도 없이 전화를 한다면? 친구들이 연애 문제로 당신에게 의지한다면? 어떤 관계든 당신은 이제 이들을 위한 시간이 없을 것이다. 주변 사람들은 당신이 소홀해졌다는 사실에 벌컥 화를 낼지 모른다.

이제 전화기를 붙잡고 이야기할 수 없다는 사실을, 시시콜콜한 문제까지 전부 들을 시간이 없다는 사실을 정확히 설명해줘라. 자신들을 떠날 셈이냐고 비난할지도 모른다. 사실 틀린 말은 아니다. 당신의 역할이 바뀌었으니 말이다. 만약 어느 친구가 엉망이었던 데이트에 대해 불평을 늘어놓는다면 당신 머릿속엔 이런 생각이 떠오를 것이다.

'제발 좀 그만해라. 지금 그게 중요한 문제라고 생각하는 거야?'

그리고 실제로는 이렇게 말할 것이다.

"끊어야겠어. 아기가 방금 내 어깨에다 토했거든."(이 말에 그런 이유로 전화를 끊어선 안 된다고 말할 수 있는 사람은 많지 않다.)

전화를 끊고 나면 당신은 아내에게 이렇게 말하게 될 것이다. 예전에는 쓸데없는 데 너무 많은 시간을 낭비했던 것 같다고. 아이가 없는 사람들이 그렇게 중요하지도 않은 일에 낭비하는 시간이 그렇게 많다는 사실이 정말 놀랍지 않은가?

◇ 한 번에 한 가지씩 하라

아내가 젖을 먹이면서 그날 있었던 작은 일들을 늘어놓는 동안, 당신은 가스레인지를 켜고 냄비에 요리를 하게 될 것이다. 한 손에는 국자를 들고 다른 손에는 전화기를 든 채로, 아내의 말에 일일이 반응하는 놀라운 묘기를 선보이게 될 것이다. 한 눈으로는 아내의 품에 안겨 옹알거리는 아기를 살피면서 반대쪽 눈으로는 TV에서 나오는 스포츠 중계를 흘끔거릴 것이다.

모든 일을 단순화시켜라. 많은 일을 한 번에 하려고 들면 결국 아무 것도 제대로 하지 못한다. 어쩔 수 없는 실수들이 많이 발생한다면, 좀 더 여유를 가지라는 신호라고 생각하라. 차근차근 하나씩 해낼 때 오히려 많은 일을 처리할 수 있다는 걸 명심하자.

◇ 한동안은 그저 힘들기만 할 것이다

항상 당신은 주기만 하고, 아기는 받기만 한다고 느껴지지 않는가? 하지만 그 작은 영혼은 신기하게도, 지금 당신이 주는 모든 것을 흡수했다가 나중에는 몇 배로 부풀려 되돌려 줄 것이다. 자연이 가진 신비로운 법칙으로, 당신은 인내하기만 하면 된다.

그러니 초조해하지 말라. 가끔은 동네 한 바퀴를 돌아보고 오는 게 가장 좋은 치료법이 되기도 한다. 집에 돌아올 때쯤이 되면, 침을 흘리고 있는 아기를 빨리 안고 싶어 안달이 날 것이다.

◇ 출산 이후 아내와 첫 데이트를 가져보라

아내가 아기 곁을 한시도 떠나지 못하겠다고 느낄 무렵, 자연스럽게 데이트를 신청해보자. 조용한 레스토랑에 가서(큰 목소리로 떠들 힘도 없을 테니까) 아빠가 된 솔직한 심정을 아내에게 말해보는 건 어떨까.

딸아이가 태어난 지 일주일쯤 후였다. 우리 부부는 지친 몸을 이끌고 집 근처 인도 레스토랑을 겨우 찾아가 의자에 털썩 앉고는 인도 맥주와 탄두리 치킨, 샐러드를 주문했다. 음식을 기다리는 동안 나는 손으로 머리를 받친 채, 이쑤시개가 있다면 눈꺼풀을 받쳐 놓고 싶다는 생각을 하고 있었다. 그러다가 아내에게 물었다.

"기대했던 것보다 훨씬 더 힘들게 느껴지는데, 내가 착각하고 있는 건가?"

아내와 나는 잠시 눈을 맞추다가 갑자기 배를 부여잡고 웃기 시작했다. 음식을 나르던 인도인 웨이터가 우리를 정신에 이상이 있는 사람인 양 바라볼 정도였다.

아기가 태어난 직후의 몇 개월이 그렇게 힘들다는 사실을 직접 겪어보기 전에 아는 사람은 아무도, 정말 아무도 없다. 아내는 웃다가 울기를 반복하면서 이렇게 말했다.

"난 오후 2시가 되기 전에는 머리를 감지도 못해. 그러고는 커피 한 잔을 타려다가 도중에 그만두고, 다시 타려다가 또 그만두고를 반복하는 거야. 하루 종일 계속 그래. 결국엔 커피를 마시지 못해서 머리가 아파오고, 저녁 무렵이 되면 왜 머리가 아픈지도 기억이 나질 않아. 화장실이 꼭 내 사무실 같아. 휴대전화를 들고 통화할 때도 화장실에 가고, 그냥 아무한테도 방해받고 싶지 않을 때도 간다니까!"

난 이렇게 말했다.

"난 매일 밤, 같은 책의 같은 페이지를 읽어. 그러다가 문득 내가 그 페이지를 열댓 번도 더 읽었다는 사실을 깨닫지."

우리는 다시 웃음을 터뜨렸다.

"그렇게 작은 녀석이 어떻게 우리 두 사람의 삶을 이렇게까지 바꿔놓을 수 있지?"

이쯤 되었을 때, 아내는 음식이 담긴 접시 앞에서 거의 반쯤 잠이 들었다. 그래도 그렇게 데이트를 하면서 왠지 모를 안도감이 들었다. 부모가 된 뒤 자신의 한계를 깨닫게 된 성숙한 인간 부류에 우리 부부도 합류해 있었던 것이다. 그것은 고귀하면서도 매력적인 경험이었다. 우리의 한계와 실수를 스스로 인정하는 것 말이다. 만약 우리 중 하나라도 모든 게 완벽한 척했다면, 우리는 부모로서의 길을 잘못 들어서게 됐을 것이다.

부모가 되는 길은 쉽지 않다. 지치고 힘든 일투성이인 게 맞다. 하지만, 그 과정에서 얻는 기쁨과 보람은 세상 그 무엇과도 바꿀 수 없을 만큼 소중하다. 당신도 이것을 깨닫게 되길 진심으로 바란다.

출산 후에도
신혼처럼 살려면

◇ 아내와의 대화 기술을 업그레이드하라

　　서로에게 무심코 던지는 무례한 표현들을 줄여나가는 것부터 시작하자.

　　"기저귀 좀 가져달란 말 못 들었어?"

　　"아기용 티슈 좀 사두라고 했잖아!"

　　"아무거나 만들어봐. 배고파 죽겠어!"

　　무슨 일이든 부탁하듯 말하고, 고맙다는 말을 자주 하라. 작은 배려가 가져다주는 효과는 놀라울 만큼 크다. 또한 비난하는 말을 삼가라.

"적어도 나는 직장에서 일하고 왔잖아!"

"아기를 낳자고 한 건 당신이었어!"

"나도 노력하고 있는 거 안 보여?!"

마지막으로, 용변 이야기는 최소화하자.

"우리 아기 대변이 무른 황갈색인 거 봤어? 진흙처럼 생긴 게, 냄새도 희한한 것 같아. 어디 아픈 게 아닐까?"

아기가 뱉어낸 음식이나 침, 토사물을 자세하게 묘사하는 것도 당장 그만둬라. 생각해보자. 아기가 태어나기 전 당신은 아마 그 누구에게도 그런 말들을 늘어놓지 않았을 것이다. 그런데 왜 아내에게는 그런 말을 아무렇지도 않게 하는가? 당신의 아기를 낳아준 사랑스러운 아내가 이런 말을 듣고도 침대로 뛰어들어 당신과 열정적인 사랑을 나눌 거라고 생각하는가?

시간을 할애해(시간이라는 게 더 이상 존재하지 않는 것처럼 느껴지는 건 잘 알지만), 마치 연애를 처음 시작하는 것처럼 아내와 대화하도록 노력해보자. 출산을 마친 아내의 몸이 어떻게 변하고 있는지 관심을 갖고 지켜보면서 당신 눈에 아름답게 비치는 것에 대해 말해주자. 아기에게 젖을 먹일 때 아내의 목이 어떻게 보이는지, 머리카락이 어깨를 따라 흘러내리는 모습이 어떤지 등등을 구체적으로 이야기해주는 것이다.

또한 작은 행동으로 당신의 마음을 표현하라. 아내가 좋아하는 음료를 사다가 집 안 곳곳에 두는 것 정도로 충분하다. 아기에게 젖을 먹이던 아내가 갈증을 느끼던 차에 그걸 발견한다면 뜻하지 않은 감동을 느낄 것이다.

부부가 아기를 키우면서 동반자 관계를 영위해 나가야 하는 건 맞지만, 그 어떤 상황에서라도 낭만을 잃어선 안 된다. 낭만을 포기하는 순간 모든 게 시들해질 수도 있다.

◇ 출생신고를 한 뒤 아내와 축하하는 시간을 가져라

아내는 임신 기간 동안 당신이 보여줬던 로맨틱한 면을 아기가 태어난 후에도 간직하고 있기를 바라고 있다. 이제 당신이 여전히 자상하고 로맨틱한 남편이라는 걸 보여줄 기회가 왔다. 아내 모르게 샴페인이나 와인을 준비하자. 아내와 함께 잔을 부딪치면서 출생신고가 정말 대단한 일이라도 되는 양 법석을 떨며 축하하자. 출생신고를 할 때에는 병원에서 받은 출생증명서가 필요하다(실수로 챙겨가지 못하면 당신이 세운 축하 계획이 허사로 돌아간다).

가족관계증명서가 있으면 서류를 작성할 때 도움이 된다. 다 적은 출생신고서를 들고 아내와 함께 기념사진을 찍어두면 훗날 온 가족이 함께 나눌 추억거리가 된다.

예비 아빠들은 출산일이 임박했다는 사실에 너무 집중한 나머지, (분만을 촉진하기 위해 가졌던) 출산 직전의 가벼운 섹스가 최근 수개월 동안의 마지막 섹스였다는 사실조차 잊어버릴 수도 있다! 영영 끝나지 않을 것 같던 아내의 분만이 제왕절개 수술로 완료되는 모습을 본 나는 깊은 안도의 한숨을 내쉬었다. 하지만 의사에게 (최소한) 6주간은 성관계를 가질 수 없다는 소식을 듣고는 적잖은 충격을 받았다.

스스로에게 솔직해지자. 6주 동안 섹스를 하지 못했던 건 이번이 처음이 아니지 않은가(물론 결혼한 후에는 처음일 수도 있다). 그러니 깊은 좌절감에 빠지기 전에, 서로의 욕구를 채워줄 수 있는 다른 방법들이 있다는 사실을 기억하자. 물론 입을 비쭉거리는 사람도 있을 것이고, 불같이 화를 내며 길길이 날뛰는 사람이 있을 수도 있다. 하지만 그렇다고 중요한 사실이 바뀌는 건 아니다. 아내에게는 회복할 시간이 필요하다.

한 가지 더 기억할 것이 있다. 당신의 아내가 당신과의 성적인 결합력을 잃어버릴까봐 걱정할지 모른다는 것이다. 아내가 아빠들은 대부분 참을성이 없다는 고정관념을 뒤바꿀 수 있도록 잘 설명해주자. 아내에게 당신은 7주가 되든 8주가 되든, 아니 그 이상이든 얼마든지 기다릴 것이라고 말하라. 아내가 시간에 쫓기는 느낌을 받지 않도록 다독여줘라.

이때 당신을 괴롭히는 것이 하나 있다. 이웃이나 친구 부부들은 아주 활발히 성관계를 갖고 있다는 사실이다. 한동안은 우리 부부 주변의 모든 사람들이 항상 이런 이야기를 했다(이야기의 대상은 우리 부부도 아는 사람이었다).

"그 부부는 매일 밤 섹스를 한대. 하루도 빠지지 않고."

당시 나는 퍽이나 그렇겠다고 대답했다. 그러면 사람들은 이렇게 대꾸했다.

"진짜라니까. 질투가 나서 그러는 거지? 게다가 그 섹스가 그렇게 환상적이라는군. 아이도 벌써 여럿 가졌는데 말이야. 심지어 대학생 때부터 사귀던 사이라던데."

그 말을 들은 나는 그들 부부를 실제로 눈여겨 훑어보았다. 햇볕에 그을린 피부를 가진 부인은 갈색으로 염색한 긴 머리를 하고는 에어로빅을 할 때나 입는 타이츠에 티셔츠를 허리춤에 묶은 차림새였다. 남편은 전사처럼 우람한 몸집에 흡사 월 스트리트에서 일하는 사람처럼 세련된 차림새였다. 마치 호랑이 한 마리를 고급스러운 색상의 포장지로 싸놓은 것 같다고 할까.

"그게 정말 사실일까?"

매일 저녁 기진맥진한 상태로 침대로 뛰어들 때면 아내는 내게 이렇게 묻곤 했다. 하지만 그 부부는 한 달 후 별거를 시작했다. 아마 나와 아내를 포함한 모든 부부들이 안도의 한숨을 내쉬었을 것이다. 신화 같은 이야기가 끝난 것이다.

주변에서 무슨 말이 들리든 신경 쓰지 말자. 시간이 걸리긴 해도, 당신의 성생활은 결국은 예전처럼 돌아갈 것이다.

오붓하게 두 사람만의 외출을 하라. 피곤한 몸으로 여럿이 만나는 모임에 나가는 건 바람직하지 않다. 수다가 오갈수록 머릿속이 빙판 위의 자동차 바퀴처럼 어지럽게 돌아갈 것이다. 둘만 외출한다는 것에 죄책감을 느낄 필요는 없다. 게다가 어차피 아기 이외의 일에 대해서는 별로 이야기하지도 않을 것이다(지극히 정상적인 일이다).

이왕이면 낭만적인 레스토랑을 찾아라. 아내의 반대편에 앉아선 안 된다. 충혈된 눈과 다크서클만 서로 보게 될 테니까. 긴 의자가 있는 레스토랑을 찾아가서 나란히 앉도록 하자. 한 번쯤은 아내의 허벅지를 부드럽게 만져주는 것도 좋다. 만일 아내가 뻣뻣해진 목이 불편해 자꾸 좌우로 움직인다면 부드럽게 주물러주자. 혹시 아내가 당신 다리 사이로 손을 넣는다고 해도 막지 말라. 다시 젊어지고 섹시해진 기분이 들 테니까. 게다가 그걸 볼 사람도 없다.

과거의 로맨틱한 만찬을 재현하는 데 특별한 재주가 있는 프랑스인들의 기술을 배워보면 어떨까. 연애 시절 낭만적인 바닷가의 호텔에서 먹었던 맛있는 음식들과 그 이후에 무얼 했는지 등을 함께 회상해보라. 그런 이야기를 나누는 것만으로 두 사람 사이에 육아만큼이나 소중한 일들이 많다는 걸 깨닫게 될 것이다.

이야기는 아마도 이렇게 전개될 것이다. 당신 부부는 아기에게 바깥 구경을 시켜주기로 한다. 하지만 이내 당신은 더 이상 걷기가 힘들어지고 가장 가까이에 있는 카페로 비틀대며 들어간다. 메뉴판에서 카페인이 가장 많이 함유된 커피 두 잔을 고른 다음 자리에 앉았는데, 아내는 친절하게도 자기가 커피를 가져오겠다고 한다.

당신은 지친 눈으로 주위를 둘러보다가 건너편에 앉은 젊은 미혼의 커플을 발견한다. 무엇이 그렇게 즐거운지 그 두 사람은 키득거리며 휴대전화를 함께 들여다보고 있다.

방금 샤워를 하고 나온 듯 여자의 머리카락에는 아직 물기가 남아 있고 짙은 청바지는 몸에 딱 맞는다. 휴대전화를 터치하기 위해 그녀가 몸을 숙이는 순간, 헐렁한 티셔츠의 목 부분을 통해 배꼽 근처까지 훤히 드러난다. 당신이 지금까지 봤던 그 어떤 장면보다 감동적인 장관이 펼쳐진 것이다. 당신은 이런 생각을 한다.

'나도 저 남자 같을 때가 있었지. 어떻게 하면 내 앞의 이 예쁜 여자를 즐겁게 해주고, 어떻게 하면 한 번 더 스킨십을 나눌 수 있도록 유혹할 수 있을지가 내 인생 최대의 고민이었지. 그것 빼고는 아무 걱정거리가 없던 때가 내게도 있었어.'

바로 그때 아이러니한 상황이 펼쳐진다. 아내는 뜨거운 카푸치노를 들고 오고, 아기가 입으로 몽글몽글한 거품을 만들어내는 모습에 당신 부부는 활짝 웃는다. 그 순간 건너편의 젊은 여자가 흥분한 목소리로 결혼과 아기에 대해 남자친구의 귓가에 속삭인다. 그러자 남자는 그 자리에 얼어붙고 만다. 이내 말싸움이 벌어지고, 여자는 자리를 박차고 일어나 문밖으로 나가버린다. 남자는 대체 무슨 일이 일어난 건지 의아해하고 있다. 잠시 후 그녀를 따라 밖으로 나가던 남자는 당신 가족을 보게 되고, 그제야 오늘 하루를 망친 게 무엇인지 깨닫는다.

바로 그 남자가 당신의 예전 모습이었다! 솔직히 생각해보라. 그때가 그리 좋았던가? 차근차근 생각해보면 못내 그리울 만큼은 아니다. 그러니 현재의 삶에 집중하자. 낭만적으로 여겨야 할 것은 당신 눈앞에 펼쳐진 새로운 삶이다. 지금 현재의 삶이 자칫 너덜너덜해지기 쉽기 때문에, 기회가 있을 때마다 다듬어줘야 하는 것이다.

◇ 출산 후 몇 주는 신이 마련해둔 특공대 훈련 과정이다

어쩌면 임신부터 출산 후까지는 특공대보다 더 힘든 나날일 수 있다. 하지만 힘든 만큼 훗날 당신이 받게 될 선물은 그 어떤 것과도 비교할 수 없다. 나의 아이가 그랬듯, 당신의 아이도 언젠가는 서툰 글씨로 "아빠, 정말 사랑해요."라고 적은 종잇조각을 잠든 당신 머리맡에 놓아둘 것이

다. 어쩌면 당신은 눈물을 쏟을지 모른다. 그 순간이 온다는 걸 기억하라. 그리고 마침내 그 순간이 찾아오면, 아내를 꼭 안아주면서 이렇게 말해보면 어떨까.

"그 힘들었던 시간들이 저 쪽지 하나로 모두 보상이 되는 것 같아."

옮긴이 **이현무**

우연히 만난 『임신한 아내를 위한 좋은 남편 프로젝트』 덕분에 행복한 임신·출산의 순간을 누렸다. 아내에게 좋은 남편, 아기에게는 멋진 아빠가 될 수 있는 방법을 다른 이들에게도 알려주고자 이 책을 번역하게 되었다. 연세대학교 사회환경시스템공학부를 졸업하고 서울대학교 경영대학원에서 수학했다. 전 세계 미디어와 시청자를 이어주는 콘텐츠 현지화 전문 기업 아이유노미디어그룹 대표이사를 맡고 있다.

임신한 아내를 위한 좋은 남편 프로젝트

초판 1쇄 발행	2008년 8월 25일
초판 20쇄 발행	2019년 11월 6일
개정판 1쇄 발행	2020년 12월 18일
개정판 2쇄 발행	2023년 3월 2일

지은이	제임스 더글러스 배런
옮긴이	이현무
펴낸이	최동혁

기획본부장	강 훈
영업본부장	최후신
기획편집	장보금 강현지 조예원 한윤지
디자인팀	유지혜 김진희
마케팅팀	김영훈 김유현 양우희 심우정 백현주
영상제작	김예진 박정호
물류제작	김두홍
재무회계	권은미
인사경영	조현희 양희조

펴낸곳	(주)세계사컨텐츠그룹
주소	06071 서울시 강남구 도산대로 542 8, 9층 (청담동, 542빌딩)
이메일	plan@segyesa.co.kr
홈페이지	www.segyesa.co.kr
출판등록	1988년 12월 7일 (제406-2004-003호)
인쇄·제본	예림

ⓒ 제임스 더글러스 배런, 2008, Printed in Seoul, Korea

ISBN 978-89-338-7150-8 13590